周期表

10	11	12	13	14	15	16	17	18	族/周期
								2 He ヘリウム 4.003	1
			5 B ホウ素 10.81	6 C 炭素 12.01	7 N 窒素 14.01	8 O 酸素 16.00	9 F フッ素 19.00	10 Ne ネオン 20.18	2
			13 Al アルミニウム 26.98	14 Si ケイ素 28.09	15 P リン 30.97	16 S 硫黄 32.07	17 Cl 塩素 35.45	18 Ar アルゴン 39.95	3
28 Ni ニッケル 58.69	29 Cu 銅 63.55	30 Zn 亜鉛 65.38	31 Ga ガリウム 69.72	32 Ge ゲルマニウム 72.63	33 As ヒ素 74.92	34 Se セレン 78.97	35 Br 臭素 79.90	36 Kr クリプトン 83.80	4
46 Pd パラジウム 106.4	47 Ag 銀 107.9	48 Cd カドミウム 112.4	49 In インジウム 114.8	50 Sn スズ 118.7	51 Sb アンチモン 121.8	52 Te テルル 127.6	53 I ヨウ素 126.9	54 Xe キセノン 131.3	5
78 Pt 白金 195.1	79 Au 金 197.0	80 Hg 水銀 200.6	81 Tl タリウム 204.4	82 Pb 鉛 207.2	83 Bi* ビスマス 209.0	84 Po* ポロニウム (210)	85 At* アスタチン (210)	86 Rn* ラドン (222)	6
110 Ds* ダームスタチウム (281)	111 Rg* レントゲニウム (280)	112 Cn* コペルニシウム (285)	113 Nh* ニホニウム (284)	114 Fl* フレロビウム (289)	115 Mc* モスコビウム (288)	116 Lv* リバモリウム (293)	117 Ts* テネシン (293)	118 Og* オガネソン (294)	7

63 Eu ユウロピウム 152.0	64 Gd ガドリニウム 157.3	65 Tb テルビウム 158.9	66 Dy ジスプロシウム 162.5	67 Ho ホルミウム 164.9	68 Er エルビウム 167.3	69 Tm ツリウム 168.9	70 Yb イッテルビウム 173.1	71 Lu ルテチウム 175.0
95 Am* アメリシウム (243)	96 Cm* キュリウム (247)	97 Bk* バークリウム (247)	98 Cf* カリホルニウム (252)	99 Es* アインスタイニウム (252)	100 Fm* フェルミウム (257)	101 Md* メンデレビウム (258)	102 No* ノーベリウム (259)	103 Lr* ローレンシウム (262)

Guide to Materials Science and Engineering

物質工学入門シリーズ

基礎からわかる
機器分析

INSTRUMENTAL ANALYSIS

加藤 正直
内山 一美
鈴木 秋弘
［共著］

森北出版株式会社

シリーズ編集者

笹本　忠
神奈川工科大学名誉教授　工学博士

高橋　三男
東京工業高等専門学校名誉教授
大妻女子大学家政学部教授　理学博士

執筆者

加藤　正直
第1章，第2章，第3章，第4章

内山　一美
第8章，第9章

鈴木　秋弘
第5章，第6章，第7章

●本書の補足情報・正誤表を公開する場合があります．当社 Web サイト（下記）で本書を検索し，書籍ページをご確認ください．
https://www.morikita.co.jp/

●本書の内容に関するご質問は下記のメールアドレスまでお願いします．なお，電話でのご質問には応じかねますので，あらかじめご了承ください．
editor@morikita.co.jp

●本書により得られた情報の使用から生じるいかなる損害についても，当社および本書の著者は責任を負わないものとします．

[JCOPY]　〈(一社)出版者著作権管理機構　委託出版物〉
本書の無断複製は，著作権法上での例外を除き禁じられています．複製される場合は，そのつど事前に上記機構（電話 03-5244-5088, FAX 03-5244-5089, e-mail: info@jcopy.or.jp）の許諾を得てください．

シリーズまえがき

　いつの時代でも，大学・高専で行われる教育では，教科書の果たす役割は重要である．編集者らは，長年にわたって化学の教科を担当してきたが，その都度，教科書の選択には苦慮し，また実際に使ってみて不具合の多いことを感じてきた．

　欧米の教科書の翻訳書には，内容が詳細・豊富で丁寧に書かれた良書が多数存在するが，残念なことにそのほとんどの本が，日本の大学や高専の講義用の教科書に使うには分量が多すぎる．また，日本の教科書には分量がほどよく，使いやすい教科書が多数あるが，その多くは刊行されてからかなりの時間がたっており，最近の成果や教育内容の変化を考慮すると，これもまた現状に合わない状態にある．

　このような状況のもとで教科書の内容の過不足を感じていたときに，大学・高専の物質工学系学科のための標準的な基礎化学教科書シリーズの編集を担当することとなった．この機会に教育経験の豊富な先生方にご執筆をお願いし，編集者らが日頃求めている教科書づくりに携わることにした．

　編集者らは，よりよい教育を行うためには，『よき教育者』と『よき教科書』が基本的な条件であり，『よき教科書』というのは，わかりやすく，順次読み進めていけば無理なく学力がつくように記述された学習書のことであると考えている．私どもは，大学生・高専生の教科書離れが生じないよう，彼らに親しまれる教科書となることを念頭の第一におき，大学の先生と高専の先生との共同執筆とし，物質工学系の大学生・高専生のための物質工学の基礎を，大学生・高専生が無理なく理解できるように懇切丁寧に記述することを編集方針とした．

　現在，最先端の技術を支えているのは，幅広い領域で基礎力を身につけた技術者である．基礎力が集積されることで創造性が育まれ，それが独創性へと発展してゆくものと考えている．基礎力とは，樹木に喩えると根に相当する．大きな樹になるためには，根がしっかりと大地に張り付いていないと支えることができない．根が吸収する養分や水にあたるものが書物といえる．本シリーズで刊行される各巻の教科書が，将来も『座右の書』としての役割を果たすことを期待している．

シリーズ編集者
笹本　忠・高橋三男

はじめに

　古くは『分析』というと，試料を溶解し試薬を加え，反応をみる湿式分析が主であった．湿式分析法で精度の高いデータを得るには，高度の熟練が必要である．しかし，1970年代以降の電子素子技術の発達とコンピュータの小型化・低廉化が進むにつれて，機器分析法が全盛となった．分析機器が電子化・オートメション化された結果，分析は迅速に行われるようになり，実験室においても，また工場の現場においてもなくてはならないものとなった．さらに，機器の組み合わせの多様化とともに，次々と新たな機器分析法が提案されている．
　本書で機器分析法のすべてを概観することは，本シリーズの性格からいって適切ではないだろう．そこで本書では，数ある機器分析法のうち，もっとも基礎的で，また一般的に用いられていると思われる9種類の分析法に焦点を当て，初心者向きに解説した．本書で取り上げなかった分析法の詳しい説明が必要な読者は，より詳細な説明を行っている専門書を参照願いたい．
　また，近年提案されてきた数々の新しい分析法は、トピックとして『Coffee Break』欄などに簡単に記述した．

　ところで、機器分析の発達は，利点ばかりをもたらしたわけではなかった．
　機器のコンピュータ化は，我々ユーザーと機器の間の距離を広げ，ユーザーから機器が見えにくくなった．かつては機器の修理を自分で行うことが多かったが，高度にコンピュータ化された機器では，ささいな修理もサービスに依頼することがほとんどである．その修理も，電子基板をごっそり交換するなどの修理手法であるから，ユーザーにとって，ますます機器が遠いものになりつつある．
　また，機器分析法で我々が得ようとする情報は，もちろん化学的な情報である．ところが，機器の扱っている現象は化学現象ではなく，物理現象である．ときには電磁波であったり，また熱であったりする．すなわち，物理現象を測定して化学情報を得ているのである．したがって，分析機器の原理を理解するには，物理学の知識が必要となる．しかし，本書の対象とする読者は，化学のみならず物理学も初めて学ぶ者がほとんどだろう．反対に，物理現象をすべて理解していたとしても，必要な化学情報の精確さを判断できることにはならないのも事実である．そこで本書では，機器分析に最低限必要な式を示すにとどめた．初学者が機器分析の原理を理解するには，さしあたりこれで十分と思われたためである．より高度な知識を必要とする読者は，高度な専門書を参照願いたい．

機器分析法は，実際に機器に触らなければ理解が深まることはない．本書の読者は，ぜひ機会をみつけて分析機器に触れていただきたいと願う．

2010 年 3 月

執筆者一同

目 次

第1章　機器分析の概要 —————— 1
1.1　機器分析法とは —————— 1
- 1.1.1　どんな機器分析法があるか —————— 1
- 1.1.2　機器分析法の長所と短所
  —数値は得られるが万能ではない —————— 3
演習問題1 —————— 3

第2章　紫外可視分光法と蛍光光度法 —————— 4
2.1　紫外可視分光法 —————— 4
- 2.1.1　紫外可視分光法の原理 —————— 4
- 2.1.2　紫外可視分光装置のしくみ —————— 5
- 2.1.3　ランベルト-ベール則 —————— 7
- 2.1.4　紫外可視分光法による分析 —————— 8
- 2.1.5　分子による紫外可視光の吸収 —————— 9
- 2.1.6　紫外可視分光法の適用例 —————— 11
2.2　蛍光光度法 —————— 13
- 2.2.1　蛍光の原理 —————— 13
- 2.2.2　蛍光光度計装置 —————— 13
- 2.2.3　蛍光光度測定法 —————— 13
- 2.2.4　定量分析法 —————— 14
- 2.2.5　応用例 —————— 15
演習問題2 —————— 15

第3章　原子吸光分析法と発光分析法 —————— 17
3.1　原子吸光分析法 —————— 17
- 3.1.1　原子吸光分析装置 —————— 17
- 3.1.2　原子吸光分析法による定量分析 —————— 19
3.2　発光分析法 —————— 21
- 3.2.1　フレームによる発光（炎光分析法） —————— 21
- 3.2.2　ICPによる発光（ICP発光分析法） —————— 22
- 3.2.3　ICP発光分析装置の概要 —————— 22
- 3.2.4　ICP発光分析法による定量分析 —————— 23
演習問題3 —————— 24

第4章　X線分析法 —————— 25
4.1　X線の性質 —————— 25
- 4.1.1　X線の原理 —————— 25
- 4.1.2　X線の発生 —————— 25
- 4.1.3　固有X線と連続X線 —————— 26
- 4.1.4　X線の吸収 —————— 28
4.2　X線回折分析法 —————— 30
- 4.2.1　X線回折の原理 —————— 30
- 4.2.2　単結晶と粉末によるX線の回折 —————— 34
- 4.2.3　X線回折装置 —————— 36
- 4.2.4　応用：定性分析とICDD（JCPDS）カード —————— 37
4.3　蛍光X線分析法 —————— 40
- 4.3.1　蛍光X線の原理 —————— 40
- 4.3.2　蛍光X線測定装置 —————— 40
- 4.3.3　定量分析 —————— 41
演習問題4 —————— 43

第5章　赤外線吸収スペクトル —————— 44
5.1　赤外線吸収スペクトル —————— 44
- 5.1.1　赤外線吸収スペクトルの原理 —————— 44
- 5.1.2　振動の位置と強度 —————— 45
- 5.1.3　振動の種類（伸縮振動と変角振動） —————— 46
- 5.1.4　測定装置とスペクトル（FT-IR） —————— 46
- 5.1.5　試料の調製と測定方法 —————— 47
- 5.1.6　スペクトルの解析 —————— 48
- 5.1.7　吸収位置と強度に変化を及ぼす因子 —————— 51
5.2　ラマン散乱 —————— 52
- 5.2.1　ラマン分光法 —————— 52
- 5.2.2　測定装置と測定方法 —————— 53
- 5.2.3　ラマン活性にかかわる振動 —————— 54
演習問題5 —————— 55

第6章　核磁気共鳴スペクトル —————— 56
6.1　核磁気共鳴スペクトル —————— 56
- 6.1.1　はじめに —————— 56
- 6.1.2　磁気共鳴スペクトル —————— 57
- 6.1.3　測定装置のしくみと試料の調製 —————— 58
- 6.1.4　化学シフト —————— 59
- 6.1.5　シグナル強度（積分曲線） —————— 61
- 6.1.6　シグナルの分裂：スピン-スピン結合 —————— 61
- 6.1.7　結合定数（カップリング定数） —————— 62
- 6.1.8　化学交換 —————— 63
- 6.1.9　シューレリーの加成則 —————— 63
6.2　核磁気共鳴スペクトル（炭素核：^{13}C） —————— 64
- 6.2.1　^{13}C-NMRスペクトル —————— 64
- 6.2.2　^{13}Cの化学シフト —————— 64
- 6.2.3　測定（測定方法と測定条件） —————— 65
演習問題6 —————— 67

第7章　質量分析法 —————— 68
7.1　質量スペクトル —————— 68
- 7.1.1　質量スペクトル測定の概要 —————— 68
- 7.1.2　測定装置のしくみと試料の調製 —————— 69
- 7.1.3　イオン化と開裂 —————— 69

7.1.4 スペクトルの見方
　　　（チャートの見方とピークの種類）————— 70
7.1.5 スペクトルの解析方法 ————————— 72
7.1.6 開裂の様式 ——————————————— 72
7.1.7 官能基による開裂の様式 ————————— 73
7.1.8 転位イオン生成物 ————————————— 76
演習問題7 ——————————————————————— 78

第8章 電気化学的測定法 ————— 80
8.1 電気化学的測定法の基礎 ——————————— 80
8.1.1 電気量 ——————————————————— 80
8.1.2 電気化学反応の基礎 ———————————— 81
8.1.3 電極電位 ————————————————— 82
8.1.4 電極の種類 ———————————————— 83
8.2 主な電気化学的測定法 ——————————— 85
8.2.1 電位差測定法 ——————————————— 86
8.2.2 電気電導度分析法 ————————————— 89
8.2.3 電解分析法 ———————————————— 90
8.2.4 ボルタンメトリー ————————————— 91
演習問題8 ——————————————————————— 94

第9章 クロマトグラフィー ————— 95
9.1 クロマトグラフィーの基本概念 ——————— 95
9.2 クロマトグラフィーの分類 —————————— 96
9.2.1 移動相の種類による分類 ————————— 96
9.2.2 分配機構による分類 ———————————— 97
9.3 ガスクロマトグラフィー —————————— 97
9.3.1 ガスクロマトグラフィーの概要 ——————— 97
9.3.2 カラム ——————————————————— 98
9.3.3 検出器 ——————————————————— 99
9.3.4 ガスクロマトグラフのパラメーター ———— 100
9.3.5 分離特性 ————————————————— 101
9.3.6 ガスクロマトグラフィーによる定量分析 —— 101
9.4 液体クロマトグラフィー —————————— 103
9.4.1 高速液体クロマトグラフィーの
　　　原理および装置 ————————————— 103
9.4.2 検出器の特徴 ——————————————— 104
9.4.3 実際の分析 ———————————————— 105
9.5 薄層クロマトグラフィー —————————— 108
9.5.1 固定相 —————————————————— 108
9.5.2 移動相 —————————————————— 109
9.5.3 展　開 —————————————————— 109
9.5.4 検　出 —————————————————— 110
演習問題9 ——————————————————————— 111

付表 ——————————————————————————— 113
演習問題解答 ————————————————————— 114
参考文献 ———————————————————————— 119
さくいん ———————————————————————— 120

第1章
機器分析の概要

近年発展が著しい機器分析は，湿式分析に比べると簡便であり，かつ短時間で必要なデータが得られるため，工場などの現場では広く用いられている．本書では数多くの機器分析法のうち，現在広く用いられている分析法の原理，機構，応用について紹介する．

本章では，第2章以下で個別に詳述する分析法が，相互にどのような関係があるかを概観する．また，機器分析の長所と短所について述べる．

KEY WORD

| 電磁波 | 長所と短所 | 誤差 |

1.1 機器分析法とは

現在の機器分析法は多種多様であり，考えられるすべての方法が提案されているといっても過言ではない．本節では，機器分析法を概観する．

1.1.1 どんな機器分析法があるか

(a) 電磁波を使った分析法

電磁波とは，光や電波のことである．機器分析手段の多くが電磁波を利用している．図1.1に電磁波の波長と呼称の関係を示す．可視光の波長は350〜700 nm[*1]の範囲である．700 nmより長い波長側には順に，赤外線，ミリ波，ラジオ波が分布し，通常の中波のラジオ波では波長が数十mに及ぶ．可視光より短い波長側では順に，紫外線，X線と分布する．X線は，波長が数十Åより短い

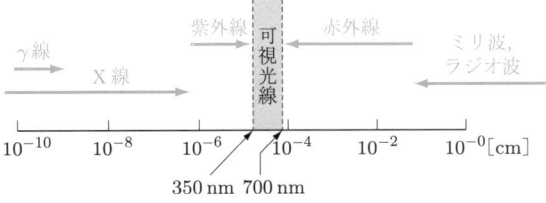

●図1.1● 電磁波の波長と呼称

電磁波である．X線と同じ領域に波長の長いγ線が重なるが，γ線とX線の区別は発生機構の違いによる．

分析手法は，電磁波の波長により分類できる．まず，可視光，紫外光を観測手段とする分析法の代表に，紫外可視分光法と原子吸光法がある．紫外光より波長が短い光を使用した分析法にはX

[*1] nm：ナノメートル（10^{-9} m）．

線分析法，さらに短いγ線を利用した分析法に放射化分析法がある．

可視光より長い波長の光を使用した分析法では，赤外吸収法が代表的である．ラマン分光法は，照射する光は可視光領域であるが，取り出す情報は赤外領域である．より長い波長の電波を利用した分析法としては，核磁気共鳴法（NMR, nuclear magnetic resonance）がある．

同じ電磁波を利用した分析法でも，光の吸収を観測するのか，発光を観測するのか，あるいは反射を観測するのかで分類することもできる．

光の吸収を利用した分析法には，前述の紫外可視分光法や赤外分光法などがある．発光現象を利用した分析法には，蛍光光度法，ICP（inductively coupled plasma）発光分光法[*2]，蛍光X線法，EPMA（electron probe microanalyser）[*3]などがある．光の反射を利用した方法には，ラマン分光法，X線回折法などがある．

(b) そのほかの機器分析法

電磁波以外の手段を利用した分析法には，電気的現象を利用した電気分析法，物質の質量を観測する質量分析法，物質の熱の出入りを観測する熱分析法，物質間の相互作用を利用したクロマトグラフィーが存在する．表1.1の第2列に測定対象としている物理現象を記し，第3列にはそれぞれの分析法を列記し，第4列には測定によって明らかにされる事柄を示した．

表1.1に示した方法のほかに，ICP発光法と質量分析法を組み合わせるなど，ほかの分析方法と結合させることにより多くの分析法が考案され，利用されている．また，いずれの機器分析法も，物理現象を電気信号に変換して検出している．

本書では，数ある機器分析法のうち，広く利用されている紫外可視分光法，原子吸光法，ICP発光分光法，X線分析法，赤外分光法，ラマン分光法，核磁気共鳴法，質量分析法，クロマトグラフィー，電気化学的測定法を取り上げる．

■表1.1■ いろいろな分析法

プローブ[*4]	測定対象	分析法	分析対象
電磁波	吸収	紫外可視分光法	分子構造，定量分析
		赤外分光法	分子構造
		核磁気共鳴法	分子構造
		電子スピン共鳴法	磁気的性質
	発光	蛍光光度法	分子構造，微量分析
		ICP発光分光法	微量元素分析
		蛍光X線分析法	定量分析
		EPMA	表面分析
	反射	ラマン分光法	分子構造
		X線回折法	結晶構造，状態分析
電磁波以外	電気信号	電気化学的測定法	定量分析
	質量	質量分析法	分子構造
	熱	熱分析	比熱，相転移など
	分子間相互作用	クロマトグラフィー	分離，定量分析

[*2] ICPは，誘導結合プラズマともいう．
[*3] EPMAは，XMA（X-ray microanalyser）とよぶこともある．
[*4] probe．探針．機器分析法で測定のため物質に加える電磁波などの物理的現象のこと．

1.1.2 機器分析法の長所と短所
—数値は得られるが万能ではない—

機器分析法は，さまざまな物理現象を観測することによって分析する手段である．簡単にいえば，ある分析機器に試料を装填し，ボタンを押せば分析結果が表示されるというものである．一方，分析の機械化によって失われたものもある．その長所と短所を考えてみる．

○ 長所
- 分析法の原理となる現象は，物質により特異性が高いため，選択性が向上し，共存物質からの妨害が比較的少ない．
- 機器の性能向上により，検出感度の向上が図られている．
- 機器を自動的に操作できるようになり，測定の迅速化が図られる．
- 測定結果を数値として表示できるようになり，人による読み取りの任意性がなくなった．

○ 短所
- 有効桁数が少ない．古くから行われている試料の溶解と滴定などの手法を組み合わせた，湿式分析法の代表の一つである重量分析法[*5]では有効桁数は6桁に及ぶが，機器分析法ではせいぜい3桁である．
- 機器が複雑化し精密化したため，機器の価格が上昇し，設置場所が限られるとともに機器の管理が欠かせないものとなった．
- 迅速かつ簡便にデータを得ることができるようになったが，測定がブラックボックス化した．装置内部で何が起こっているのかがわかりにくくなったため，表示されるデータを鵜呑みにする傾向が生じた．

安易に数値データが得られるようになった結果，測定誤差[*6]が忘れ去られる傾向にある．誤差のない測定はないことを，今一度思い起こす必要がある．

機器分析法であっても，従来からある分析法は基礎技術として欠かせないことに注意する．機器分析法は，標準試料との対比で分析を行うことが多い．分析技術の発展により検出感度が上がったため，標準溶液の濃度が非常に希薄になる傾向にあるが，希薄な標準溶液を調製するためには細心の注意と熟練した技術が必要である．すなわち，容器からの元素の溶解なども問題となる場合がある．機器分析によって質の高いデータを得るためには，従来の湿式分析法の技術を習得することが不可欠であることを強調しておく．

演・習・問・題・1

1.1 機器分析法の長所と短所をあげよ．

1.2 特殊な装置や環境が必要なため本書では章としてとり上げなかったが，放射性同位体を用いた分析法がいくつかある．例をあげて説明せよ．

1.3 機器分析法における湿式分析法の重要性について説明せよ．

[*5] さまざまな方法で試料から目的成分を分離し，その質量を測定することによって分析する方法．
[*6] 誤差については，本シリーズ「基礎からわかる分析化学」の付録を参照のこと．

第2章
紫外可視分光法と蛍光光度法

物質による可視光線もしくは紫外光線の吸収は，基底状態にある分子が光のエネルギーを吸収し，励起状態に遷移することによって起こる．分子による光の吸収波長と強度は分子に固有であるので，光吸収の波長依存性から物質を同定できる．また，吸収された光の対数強度は濃度に比例することを利用して，成分を定量できる．

また，一部の物質は光を吸収したあと，蛍光として光を放出しながら基底状態に戻る．蛍光法を用いても定性分析と定量分析が可能である．

KEY WORD

| 光吸収 | 吸光度 | ランベルト–ベール則 | モル吸光係数 | 絶対検量線法 |
| 発色基 | 助色基 | 蛍光試薬 |

2.1 紫外可視分光法

本節で扱う紫外可視分光法は，電磁波（光）の吸収を利用した分析法である．機器分析法としてはもっとも基本的な手法であり，多くの試料の分析に用いられている．この方法は精度が高く，微量の成分まで分析可能である．

2.1.1 紫外可視分光法の原理

図 2.1 に分子内のエネルギー準位（energy level）を示す．分子のもつエネルギーは，最も低い状態である基底状態（grand state）と，より高い状態である励起状態（exited state）が飛び飛びで存在する．すなわち，分子のもつエネルギーは連続的に変化するものではなく，図2.1の線で示すように不連続である[*1]．この不連続をエネルギー準位という．エネルギー準位には，分子内の電子に基づく電子準位，分子の振動（vibration）に基づく振動準位，回転（rotation）に基づく回転準位などがある．回転準位は振動の間に存在する．

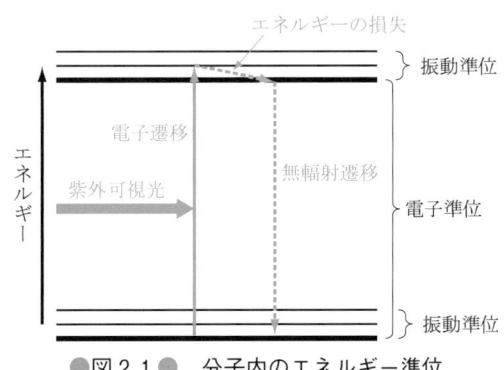

●図 2.1 ● 分子内のエネルギー準位

[*1] 原子や分子のレベルでは，とりうるエネルギーは連続ではない．私達が手にとることができるような大きさのものではエネルギーは連続と捉えることができるが，原子や分子のレベルでは不連続である．

なお，図 2.1 では回転準位を省略している．

不連続なエネルギー準位の幅は，電子準位が最も大きく，ついで振動準位，回転準位となる．

二つの状態間のエネルギー差に等しいエネルギーを外部から与えると，低いエネルギー状態にある分子は高いエネルギー状態に移行する．これを遷移（transition）という．

紫外可視光は 200～700 nm の範囲にあり，エネルギーとしては 1.8～6.2 eV 程度の範囲にある．この範囲のエネルギーは電子準位のエネルギー差と同程度であるため，紫外線あるいは可視光線を物質に照射すると光は吸収され，物質を構成している分子は基底状態から励起状態に遷移する．

光によって励起された分子は，吸収したエネルギーを熱として周囲に与えながら基底状態に戻る．この過程を無輻射遷移とよぶ．

2.1.2 紫外可視分光装置のしくみ

図 2.2 に本体部とデータ解析用のコンピューターからなる紫外可視分光光度計の装置例を，図 2.3 に光源部，分光部，試料部，検出部で構成される装置の構造の概略を示す．参照試料と測定試料は分光部と検出部の間に置かれている．

光源から発せられた光は，スリットを通過後，単色化装置（モノクロメーター：monochrometer）に入り，分光され単色光となる．単色光は，再度スリットを通過後，試料部に置かれた試料を入れたセルを通過し，試料による光の吸収を受けたあと，検出器で光量を測定される．

(a) 光源

光源には，重水素ランプとタングステンランプが用いられる．重水素ランプは波長領域が 190～400 nm の光を発するので主に紫外部の吸収測定を，タングステンランプは波長領域が 350～2500

本体部　　　データ解析部
● 図 2.2 ● 紫外可視分光光度計の装置例（日本分光 V-570）

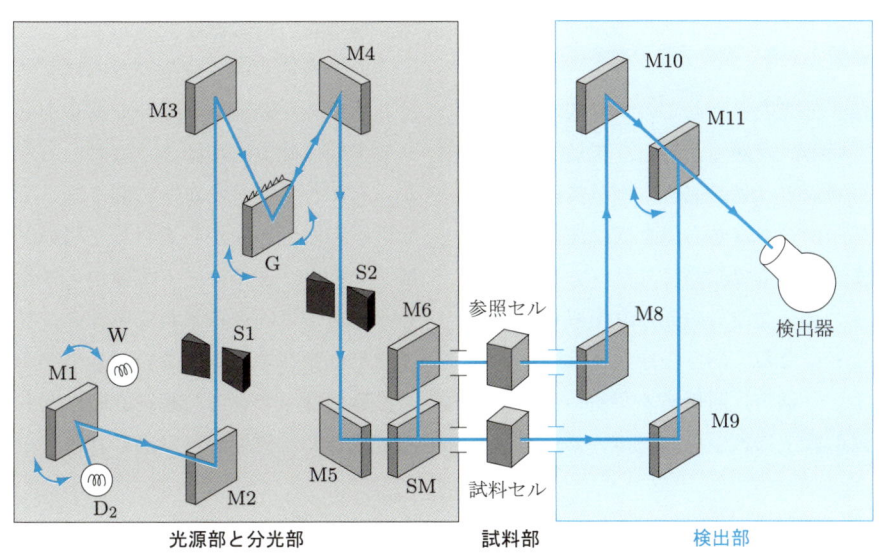

● 図 2.3 ● 紫外可視分光光度計の構造概略図（W：タングステンランプ，D_2：重水素ランプ，M：ミラー，S：スリット，G：回折格子，SM：セクター鏡）

nmの光を発するので可視部での吸収測定に用いられる．通常，装置は重水素ランプとタングステンランプの両方を備え，希望する測定波長により切り替えて使用する．

(b) スリット

　光源から発せられた光はスリットを通過する．装置にはいくつかのスリットが備えられている．図2.3の光源入り口のスリットS1は主に迷光[*2]を防止するために設置されている．次の単色化装置の後に置かれているスリットS2は波長分解能を設定するために置かれている．スリット幅を狭くすると波長分解能が向上するが，光の強度が弱くなる．

(c) 単色化装置（モノクロメーター）

　光源からの光は連続する波長成分を含んだ光であるので，必要な光のみを選別する必要がある．光を選別することを分光という．分光の概念を図2.4に示す．

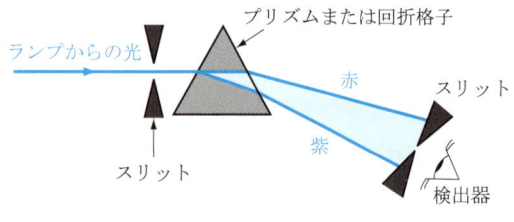

●図2.4● 光の分光の概念

　図2.4では，分光素子としてのプリズムを用いた例を示している．左から入射した光はプリズムに入る．プリズムでは光の屈折率が波長によって異なるために，プリズムから出た光は波長により光路が変化する．そこで光路にスリットを設置することにより，必要な波長の光のみを取り出すことができることになる．簡単な分光にはプリズムが用いられるが，通常は回折格子が使われる．回折格子とは反射板上に細かな線が描いてあるもの

で，光の干渉を利用して分光する．回折格子はプリズムより分解能が高い．

(d) セル

　試料を入れる透明な容器である．可視光部の測定であればガラスセルでよいが，ガラスは紫外光を吸収するので，紫外光の測定には紫外部に光の吸収のない石英セルを使う．

　セルには溶液用のセルのほか，気体用のセル，固体用の全反射セルなどがある．

(e) 測定部

　シングルビーム型分光器とダブルビーム型分光器がある．図2.3に示したものはダブルビーム型である．シングルビーム型分光器では，光路は1本で，分光した単色光をセルに透過させて吸収を測定する．

　ダブルビーム型分光器では，分光した単色光をセクター鏡（図2.3のSM）で2分割し，参照セルと試料セルそれぞれに時分割で透過させ，吸光度の差から試料の吸収を測定する．

(f) 検出器

　試料を通過した光の強度を測定する検出器には光電子増倍管が広く用いられている．図2.5に光電子増倍管の構造概略図を示す．

　光電子増倍管は，真空容器内にダイノードとよばれる電極が連結されている構造をもつ．各ダイノード間には電圧が印加されているが，電圧は左から右に行くにしたがって高くなっている．光が光電子増倍管の左から入射し左端のダイノードに衝突すると，ダイノード電極から光電子が発生する．光電子は印加された電圧によって次段のダイノードに衝突するが，このとき電子が増幅されるしくみになっている．最終的には，右側の電極から電流として信号が取り出される．

[*2] 正常な光路を通る分光に必要な光以外の光で，装置外部から漏れてくる光が主な原因である．

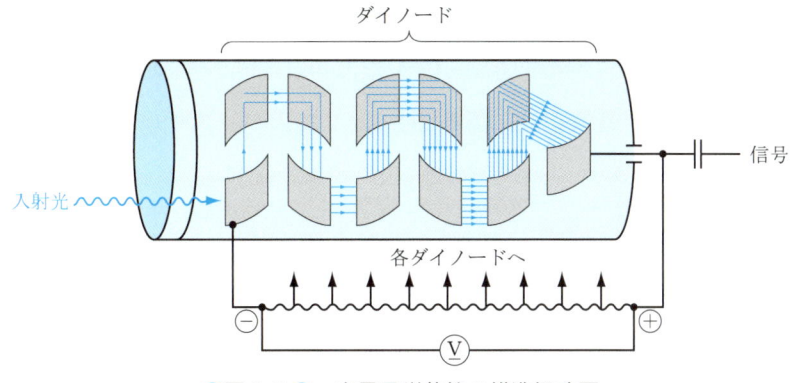

● 図 2.5 ● 光電子増倍管の構造概略図

2.1.3 ランベルト-ベール則

試料を入れたセルを光が透過する様子を図 2.6 に示す．光は左側から入射し，試料を通過したあと，右側に透過するものとする．

ここで入射光の強度を I_0，透過光の強度を I_t とすると，光の**透過率** T (transmittance) は，次のように定義される．

$$T = \frac{I_t}{I_0} \tag{2.1}$$

また，透過率の逆数の対数を**吸光度** A (absorbance) といい，次のように表す．

$$A = \log \frac{I_0}{I_t} \tag{2.2}$$

吸光度は溶液の濃度 c と試料厚さ d に比例し，濃度が濃くなれば吸収される光の量は増加する．

同じように，試料の厚さが増しても同じ効果が得られ，次式が成立する．

$$A = \varepsilon c d \tag{2.3}$$

式 (2.3) を**ランベルト-ベール則** (Lambert-Beer law)[*3] といい，光の吸収を扱う場合には例外なく成立する大事な式である．式 (2.3) で，ε は A と cd を結ぶ比例係数であり，**モル吸光係数**とよばれる．モル吸光係数は波長に依存するが，波長が一定であれば物質により一定の値となる．

図 2.7 にベンゼンによる吸収の例を示す．ベンゼンは 250 nm を中心として 5 本のピークをもった吸収を示す．吸光度は波長によって変化するため，スペクトルは図 2.7 のようになる．

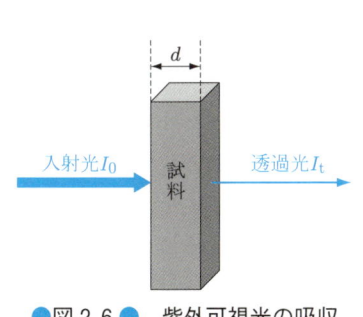

● 図 2.6 ● 紫外可視光の吸収

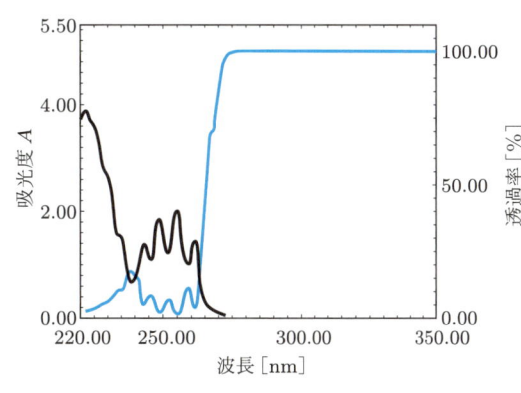

● 図 2.7 ● ベンゼンの吸収スペクトル
($\lambda_{max} = 256$ nm, $\varepsilon_{max} = 200$)

[*3] Beer-Lambert-Bouguer 則，または単に Beer's 則などともよばれる．ドイツの科学者ランベルト (J. H. Lambert, 1728-1777) とベール (A. Beer, 1825-1863)，フランスの科学者ブーゲ (P. Bouguer, 1698-1758) が提唱した．

例題 2.1 ある物質の濃度 7.50×10^{-5} mol dm^{-3} の溶液を 1.00 cm のセルに入れたとき，波長 510 nm において入射光の 42.0% が透過した．この溶液の吸光度 A と，モル吸光係数 ε を求めよ．

解答 透過率 T より，透過光強度は入射光の 42% であるから，次のようになる．

$$\frac{I_t}{I_0} = 0.420 \tag{2.4}$$

したがって，吸光度 A は式(2.2)を使って，

$$A = -\log 0.420 = 0.376 \tag{2.5}$$

である．モル吸光係数 ε は，式(2.3)より次のようになる．

$$\varepsilon = \frac{A}{cd} = \frac{0.376}{7.5 \times 10^{-5} \times 1} = 5020 \, (\text{dm}^3 \, \text{mol}^{-1}) \, \text{cm}^{-1} \tag{2.6}$$

2.1.4 紫外可視分光法による分析

(a) 定性分析

紫外可視分光法による定性分析[*4]は次の手順で行われる．

① 目的化合物の紫外可視スペクトルを測定する．
② 吸収極大波長と吸光係数を求める．
③ 既存のデータベースなどと比較して化合物を同定する．

図 2.7 の場合，吸収極大が 225〜275 nm に 5 本存在することから，ベンゼンであることがわかる．

(b) 定量分析

目的化合物の吸収極大波長と吸光係数が既知であるとして，定量分析[*5]は以下の手順で行われる．

① 目的化合物を既知量含む試料について，一定波長（吸収極大波長であることが多い）で紫外可視吸収を測定し，吸光度を求める．
② 横軸を濃度，縦軸を吸光度として図 2.8 のように検量線を描く．
③ 測定したい試料の紫外可視吸収を測定し，吸光度を求める．
④ ③で求まった吸光度から濃度を求める．

この方法を**絶対検量線法**とよび，例を図 2.8 に示した．

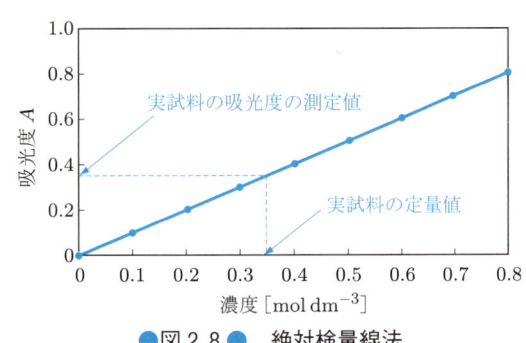

●図 2.8 ● 絶対検量線法

(c) 紫外可視スペクトルの加成性

紫外可視スペクトルには**加成性**が成立する．すなわち，2 種類以上の成分で構成される混合物の吸光度 A は，次式のようになる．

$$A = \sum_i A_i = \sum_i (\varepsilon_i c_i) d \tag{2.7}$$

ここで ε_i と c_i は，それぞれ成分 i のモル吸光係数と濃度である．すなわち，混合物の吸光度 A は成分の吸光度 A_i の和で表される．成分の吸光度 A_i は，それぞれランベルト–ベールの式が成立するので，結局，式(2.7)が成立する．この式は，紫外可視分光法によって多成分系の定量分析が可能であることの根拠となっている．

[*4] ある物質に含まれている成分を知るための方法である．
[*5] ある物質に含まれている成分の量を測るための方法である．主な定量分析の手法については，第 3 章で説明する．

金属錯体 X の濃度 $1.0 \times 10^{-3}\,\mathrm{mol\,dm^{-3}}$ 溶液の 400 nm と 600 nm での吸光度は，それぞれ 0.65 と 0.10 であった．一方，金属錯体 X を形成している配位子（ligand）Y の濃度 $1.0 \times 10^{-3}\,\mathrm{mol\,dm^{-3}}$ 溶液の 400 nm と 600 nm での吸光度は，それぞれ 0.05 と 0.25 であった．錯体と配位子の両方を含む溶液の吸光度を測定したところ，それぞれの波長における吸光度が 0.23 と 0.35 であった．錯体 X と配位子 Y の濃度（c_X, c_Y）を求めよ．ただし，測定はすべて 1.00 cm のセルを用いるものとする．

解答 金属錯体 X と配位子 Y の 400 nm と 600 nm でのモル吸光係数を求めると，次表のようになる．

■表 2.1■

波長 [nm]	ε_X	ε_Y
400	650	50
600	100	250

混合物の波長 400 nm と 600 nm での吸光度は，それぞれ 0.23 と 0.35 であるので，加成性から，

$650 c_X + 50 c_Y = 0.23$
$100 c_X + 250 c_Y = 0.35$

となる．これらの式を連立して解くと，c_X と c_Y は次のようになる．

$c_X = 2.54 \times 10^{-4}\,\mathrm{mol\,dm^{-3}}$
$c_Y = 1.30 \times 10^{-3}\,\mathrm{mol\,dm^{-3}}$

2.1.5 分子による紫外可視光の吸収

(a) 有機化合物の吸収

有機化合物の分子の軌道とエネルギー遷移の関係を図 2.9 と表 2.2 に示す．有機化合物の分子中には，基底状態の軌道として共有結合に基づく σ 準位，π 結合に基づく π 準位，孤立電子対に基づく n 準位がある．基底状態では，これらの準位に電子が存在する．励起状態の準位には，σ* 準位，π* 準位が存在する．準位間のエネルギーに相当する光が分子に入射すると，低いエネルギー状態にある電子は図 2.9 中の矢印で示した遷移をするが，許されている遷移は表 2.2 に示した 4 種類である．ただし，σ → σ* 遷移と n → σ* 遷移の波長は短く，実用的ではない．

紫外光や可視光を吸収する分子はどのようなものだろうか．紫外可視光を吸収する分子は，C=C や N=N の二重結合やベンゼン環をもっており，これらの多重結合を**発色基**という．発色基の例と吸収波長を表 2.3 に示す．また，発色基に結合して吸収波長や強度を変化させる置換基を**助色基**といい，-SH, -OH, -NH$_2$ 基などの孤立電子対を有する．助色基と吸収波長の変化を表 2.4 にまとめた．

助色基が結合することによって，吸収極大が長波長側に移動することを**深色移動**といい，共役結

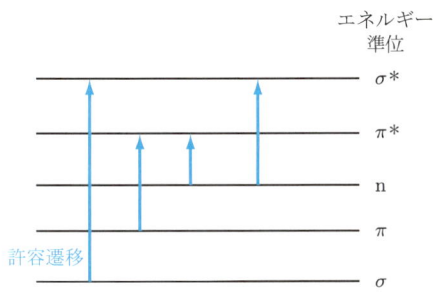

●図 2.9● 有機化合物の分子における軌道のエネルギー準位と許容遷移（矢印）

■表 2.2■ 有機化合物の遷移の種類

遷移	化合物例
σ → σ*	パラフィン類
π → π*	オレフィン類，多環状化合物
n → π*	ニトロ基など
n → σ*	アルコールなど

■表2.3■　発色基と吸収波長の例

発色基	化合物の例	吸収極大波長 [nm]	モル吸光係数	遷移
RCH=CHR	エチレン　C_2H_4	～170	10000	$\pi \to \pi^*$
RR'C=O	アセトン　C_3H_6O	192	900	$\pi \to \pi^*$
		271	12	$n \to \pi^*$
-COOH	酢酸　CH_3COOH	204	60	$n \to \pi^*$
-N=O	ニトロブタン　$C_4H_9NO_2$	300	100	$n \to \pi^*$
		665	20	$n \to \pi^*$
-N=N-	ジアゾメタン　CH_2N_2	～410	～1200	$n \to \pi^*$

■表2.4■　助色基と吸収波長の変化．ベンゼン環にさまざまな置換基が結合したときの吸収波長の変化，$\pi \to \pi^*$遷移に基づく吸収

置換基	吸収極大波長 [nm]	モル吸光係数	変化量 波長	変化量 吸光係数
-H	204	7900	0	0
-Cl	210	7600	+6	-300
-OH	210	6200	+6	-1700
$-NH_2$	230	8600	+26	+700
$-NH_3^+$	203	7500	-1	-400

合が伸びると深色移動をする．一方，吸収極大が短波長側に移動することを浅色移動という．また，吸収強度が増加することを濃色効果，吸収強度が減少することを淡色効果という．表2.4にあげたベンゼンに置換基が結合した場合，ほとんどの置換基で深色移動をしているが，$-NH_3^+$基が結合したときには浅色移動をする．濃色効果は$-NH_2$基でみられ，淡色効果は-Clや-OHなどの置換基が結合したときにみられる．

(b) 無機化合物の吸収

金属イオンも，有機化合物分子と錯体を形成することによって紫外可視光部に特異的な吸収をもつため，分析に用いられている．

金属錯体の吸収は，①d-d遷移による吸収，②配位子による吸収，③電荷移動吸収の3種類である．

① d-d遷移による吸収

金属イオンのd軌道は，錯体を形成していないときには縮退[*6]している．錯体を形成すると縮退が解けて，d軌道はいくつかに分裂する．分裂のしかたは錯体の構造による．d軌道間が分裂すれば電子遷移が起こり，光を吸収することができる．吸収波長は配位子に依存する．これをd-d遷移という．d-d遷移に基づく吸収のモル吸光係数は小さく，0.1～数百の範囲であるため，微量成分の定量にはほとんど用いられないが，錯体の構造を研究するためには重要である．

② 配位子による吸収

金属イオンに配位した有機分子による吸収であり，図2.9に示した機構による．モル吸光係数はd-d遷移より大きいが，配位子の種類によって変化する．配位することによって配位子の電子状態が変わるために，吸収極大波長は配位子本来の吸収位置と異なる．しかし，本来の吸収と配位した配位子の吸収は重なることが多いため，注意が必要である．

③ 電荷移動吸収

配位子のσ結合電子やπ結合電子が，光を吸収して金属の反結合電子軌道に遷移，あるいは金属イオンのd軌道電子が配位子の反結合性軌道に遷移することによって生じるもので，錯体固有の吸収である．電荷移動吸収はモル吸光係数が大きく，

[*6] 複数の準位が同じエネルギーにあることを縮退という．

微量成分の定量に用いられる．

2.1.6　紫外可視分光法の適用例
(a)　金属イオンの分析
表2.5に主な金属元素の吸光光度法による定量分析の例を示す．

銀Ag，カドミウムCd，水銀Hg，鉛Pb，亜鉛Znは，ジチゾン*7と錯体を形成させ，有機溶媒に抽出後，定量分析を行う．それぞれの錯体は固有の色をもっているので，有機相の吸収を可視光部で測定することにより定量を行うことができる．

鉄Feは，o-フェナントロリン$C_{12}N_2H_8$と水溶液中で反応し，赤色の水溶性錯体を形成する．マグネシウムMgはキシリジルブルーIIと反応し，水溶性の錯体をつくる．鉄もマグネシウムも水溶性であるので，水溶液で可視光の吸収を測定することにより定量する．

ここにあげた分析例は，金属イオンと配位子の錯形成を利用したものである．配位子は，pHなどの条件によっては目的元素以外の元素とも反応し，錯形成することがある．生成した目的元素以外の錯体が，目的元素の錯体の吸収帯に吸収をもつことがある場合は妨害となる．表2.5には，実際の分析にあたって妨害となる元素も示した．

(b)　金属錯体の組成分析
紫外可視分光法により，金属錯体の組成を決定できる．代表的な決定法は連続変化法とモル比法である．

錯形成反応を

$$M^+ + nL \longrightarrow [ML_n]^+ \tag{2.5}$$
(M^+：金属イオン，L：配位子)

と書いたとき，nがいくらであるか，すなわち金

■表 2.5 ■　主な金属元素の紫外可視分光法による定量分析の例

元素	定量法	波長 [nm]	濃度範囲 [ppm]	妨害元素
銀 Ag	〈ジチゾン抽出法〉 pH 1.5～6で黄色の錯体を生成させ，クロロホルム$CHCl_3$で抽出する．	426	0.2～2	金(III)Au^{3+}，水銀(II)Hg^{2+}，白金(II)Pt^{2+}，銅(II)Cu^{2+}など
カドミウム Cd	〈ジチゾン抽出法〉 中性以上のpH領域で錯体（赤色）を生成させ，クロロホルムで抽出する．	518	0.05～1.0	金(III)，水銀(II)，銅(II)など
水銀 Hg	〈ジチゾン抽出法〉 酸性（pH 0.5～1.0の硫酸H_2SO_4）で橙黄色の錯体を生成させ，ベンゼンで抽出する．	485	0.1～2	銅，銀，金，鉛，白金
鉛 Pb	〈ジチゾン抽出法〉 中性以上のpH 9～11で赤色の錯体を生成させ，クロロホルムで抽出する．	520	0.2～3	ビスマスBi，タリウム(I)Tl^+，インジウムIn，スズSnなど
亜鉛 Zn	〈ジチゾン抽出法〉 中性以上のpH 4.50～6.0で赤紫色の錯体を生成させ，クロロホルムで抽出する．	535	0.03～0.5	スズ(II)Su^{2+}，カドミウム
鉄 Fe	〈o-フェナントロリン*8法〉 pH 2～9で赤色の鉄(II)錯体を生成させる．	510	0.1～2.5	銅，ニッケルNi，コバルトCo，スズ，クロムCr
マグネシウム Mg	〈キシリジルブルーII*9法〉 pH 8.95で赤紫色の錯体を生成させ，エタノール中で発色させる．	505	0.02～0.4	鉄，銅，アルミニウムAl

*7　dithizone. ジフェニルチオカルバゾン（1,5-diphenylthio carbazone）のこと．化学式は$C_{13}H_{12}N_4S$である．
*8　o-phenanthroline. 化学式は$C_{12}H_8N_2$である．
*9　xylidyl blue II. 化学式は$C_{25}H_{21}O_3N_3$である．

属イオン（metallic ion）1個当たり何個の配位子（ligand）が結合するかを決定することが目的である．

① 連続変化法

連続変化法は，金属イオンと配位子の濃度の和を一定に保ちながら，金属イオンと配位子の濃度の比 $[M^+]/([M^+]+[L])$ を変化させ，吸光度の変化を測定する方法である．簡単のため，金属イオンも配位子も金属錯体の吸収波長に吸収がないとしたときの連続変化法の模式図を図2.10に示す．$n=1$ の錯体では，$[M^+]=[L]$ のとき最も錯体の濃度が大きくなるので，吸光度が最大になる．

同じく，$n=2$ の錯体では $2×[M^+]=[L]$ のとき，$n=3$ の錯体では $3×[M^+]=[L]$ のときに吸光度が最大になるので，図2.10において，それぞれ $[M^+]/([M^+]+[L])$ が 0.5，0.333，0.25 のときに吸光度が最大になる．この現象を利用して錯体の組成を決定する．

② モル比法

モル比法は，金属イオンの濃度を一定とし，配位子の濃度を変化させて濃度変化を測定する方法である．配位子が加わると錯形成が進行するため吸光度が増加するが，$n=1$, 2, 3 に応じて，配位子と金属イオン濃度の比 $[L]/[M^+]$ が 1, 2, 3 を越えたところで吸光度が一定になることを利用する（図2.11参照）．

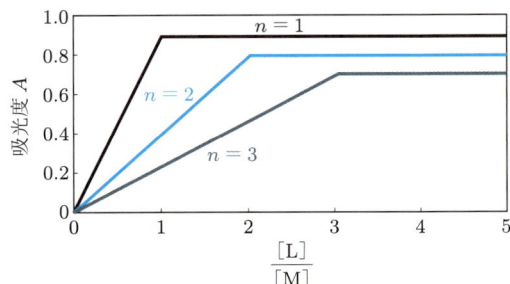

●図2.11● モル比法による錯体の組成の決定

③ 酸解離定数の決定

酸塩基指示薬は，酸性側と塩基性側で吸収波長が異なる．したがって，吸収強度のpH依存性を調べることにより，酸解離定数 pK_a を求めることができる．フェノールフタレインを例として，図2.12に模式図を示す．

フェノールフタレインは，酸性側では可視光部に吸収がなく，塩基性側では吸収がある．そこで，溶液のpHを変化させながら可視部の吸光度の変化を測定する．

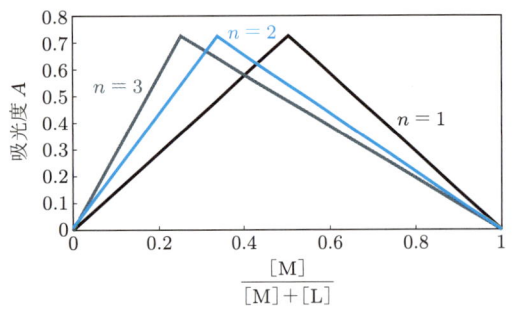

●図2.10● 連続変化法による錯体の組成の決定

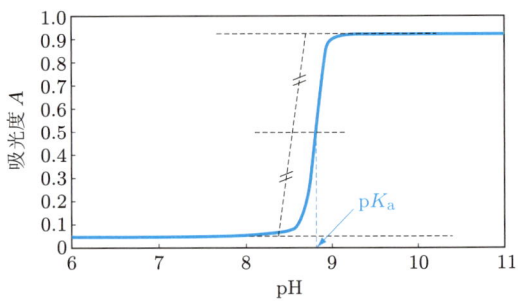

●図2.12● 吸光光度法による酸解離定数の決定

2.2 蛍光光度法

前節で説明した紫外可視分光法は，電磁波（光）の吸収を利用して分析を行うが，逆に発光現象を分析に用いることもできる．ここでは発光現象の一つである蛍光を利用した分析法について説明する．

2.2.1 蛍光の原理

蛍光放射過程の模式図を図2.13に示す．通常，光エネルギーを吸収した化学種は，吸収したエネルギーを無輻射遷移（2.1.1項参照）とよばれる過程で周囲に放出し，再び基底状態に戻る．しかし，一部の化学種は吸収した光エネルギーを再び光として放出することにより基底状態に戻る．このとき発せられる光を蛍光という．蛍光波長は，励起された化学種のエネルギーの一部が熱などとなって失われるために，入射光の波長よりも長い．蛍光強度は，希薄溶液では濃度に比例することを利用して定量分析に用いることができる．

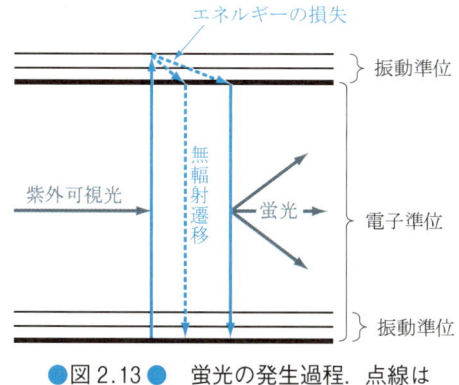

●図2.13● 蛍光の発生過程．点線は無輻射遷移を表す．

蛍光は，アントラセン $C_{14}H_{10}$ など限られた物質に特有の現象であり，多くの物質は蛍光を発しない．よって，蛍光を利用した分析法は妨害が少ないことが特徴である．また，特異的な波長の光を検出するために高感度の分析が可能である．欠点は，蛍光を発する物質が少ないため，対象となる元素や化合物が少ないことである．

2.2.2 蛍光光度計装置

本体部とデータ解析用のパソコンで構成される蛍光光度計の装置例を図2.14に，光源部，回析格子，試料部，受光部からなる構造概略を図2.15に示す．

光源にはキセノンランプや水銀灯などが利用される．光源から発せられた光は，回析格子（G1）で単色化され試料部に入る．試料部内に設置されているセルに入った試料により発生された蛍光は，通常は入射光光路に対して90°の角度で取り出され（固体の蛍光を測定する場合には45°の角度で取り出されることもある），回析格子（G2）で蛍光スペクトルを分光する．光の強度は光電子増倍管で測定される．

蛍光分光用に使われるセルの例を図2.16に示す．同図（a）は三角柱型のセル，同図（b）は四角柱型セルである．蛍光セルでは，光の入射方向に対して90°の角度方向で光を検出し，透過光を測定する必要がないので，三角柱型セルを用いることができる．四角柱型セルを用いる場合は，隣接する面が透明である必要がある．

2.2.3 蛍光光度測定法

蛍光スペクトルの測定法は，励起スペクトル法と蛍光スペクトル法の2種類に大きく分けられる．

励起スペクトル法では，蛍光を測定する波長を固定しておき，励起光波長を変化させる．蛍光強度が励起光の波長によってどのように変化するかを記録するもので，蛍光物質の吸収スペクトルと同じになる．蛍光スペクトル法では，励起側の波長を固定しておき，蛍光側の波長を変化させる．結果として，蛍光のスペクトルが得られる．

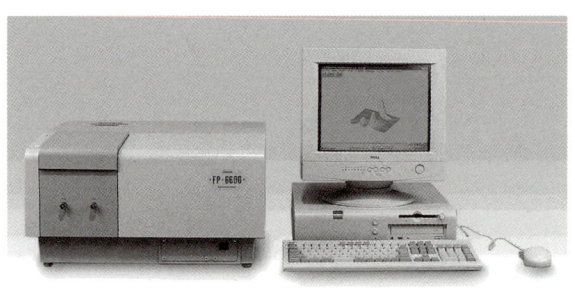

●図2.14● 蛍光光度計の例（日本分光 FP-6600）

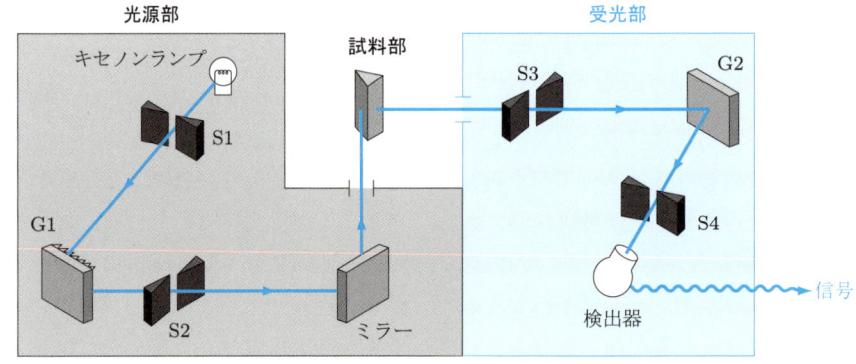

●図2.15● 蛍光光度計の構造概略図（G1, G2：回折格子，S1, S2：励起側分光器のスリット，S3, S4：蛍光側分光器のスリット）

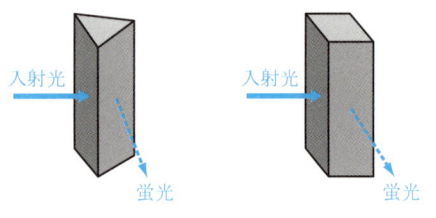

●図2.16● 蛍光測定用セルの例

2.2.4 定量分析法

　蛍光を利用して定量を行うには，測定したい化学種自体が蛍光性であるか，もしくは適当な化学種と反応させて蛍光性をもたせる必要がある[*10]。

　蛍光強度 F は，吸収光強度を I_a，蛍光量子収率を ϕ_f とすると，次式のようになる．

$$F = I_a \phi_f \tag{2.6}$$

　ここで，吸収光強度 I_a は，入射光強度を I_0，透過光強度を I_t とすると，ランベルト–ベール則から，

$$I_a = I_0 - I_t = I_0(1 - 10^{-\varepsilon cd}) \tag{2.7}$$

である．$1 - 10^{-\varepsilon cd}$ をテイラー展開し，第1項までとると，低濃度領域で εcd が十分に小さければ，最終的に I_a は

$$I_a = I_0 (2.303\, \varepsilon cd)$$

と近似できるので，蛍光強度 F は，次のようになる．

$$F = I_0 (2.303\, \varepsilon cd) \phi_f \tag{2.8}$$

　ϕ_f は波長が一定であれば一定であるので，入射光強度が一定ならば蛍光強度 F は濃度に比例することになる．濃度が大きくなると εcd が小さくなくなり，直線関係からずれる．ずれる原因は，

[*10] 蛍光を発する金属元素としては，ウラン U が有名である．ウランを含む鉱石に紫外線を照射すると，きれいな緑色の蛍光が観測される．

数学的にはテイラー展開の第2項以降が無視できなくなったためであるが，化学的には濃度消光や光の再吸収が起こるためとされている．

2.2.5 応用例

蛍光光度法による金属イオンの定量例と，それぞれの試薬を用いた分析例を表2.6に示す．一般的に，金属イオン自身が蛍光を発することはないので，適当な蛍光試薬と反応させてから蛍光を測定する．蛍光試薬には，オキシン（oxine）C_9H_7ON やローダミンB（rhodamine B）$C_{28}H_{31}ClN_2O_3$ などが知られている．

■表2.6■ 蛍光光度法による金属イオンの定量分析の例

蛍光試薬	金属元素	蛍光測定波長 [nm]	定量範囲 [ppb]	共存すると妨害となる元素
オキシン	アルミニウム Al	520	5〜100	ベリリウム，鉄 Fe，チタン Ti
2-メチルオキシン	ベリリウム Be	500	20〜500	鉄，カドミウム Cd，スズ Sn，インジウム In，
	ガリウム Ga	495	4〜100	鉄，バナジウム V，銅 Cu
5-スルホオキシン	マグネシウム Mg	495	40〜800	アルミニウム，ガリウム，カドミウム，銅，亜鉛 Zn，
	亜鉛 Zn	515	40〜8000	鉄，コバルト Co，アルミニウム，ガリウム
ローダミンB	ガリウム	585	〜50	アンチモン，鉄，金，タリウム
	アンチモン Sb	570	〜20	
	スズ Sn	580	100〜2000	金，水銀，インジウム，タリウム
	タリウム Tl	585	2〜20	アンチモン，金，鉄

Coffee Break

ホタルの光は"蛍光"？

「蛍光」は，英語で「fluorescence」と書く．fluoresce は「蛍光を発する」という意味である．鉱物に蛍石（fluorite）があるが，文字通り蛍光を発する鉱物である．

ところで，初夏の昆虫ホタルが発する光は蛍光ではない．蛍光の定義は本文中で述べたとおり，光を吸収して励起状態になった分子が，吸収したエネルギーを光として放出する過程であった．しかし，ホタルの光は，体内でルシフェリンという化学物質が発光しているのである．

蛍石の蛍光の色が，ホタルの光に似ていたためについた名前のようだ．ちなみに，英語ではホタルのことを「a firefly」といい，蛍光とホタルが別物であることを明確にしている．

演・習・問・題・2

2.1

ある物質Aを1.0 cmのセルに入れ，波長500 nmにおける透過率を測定したところ13.0%であった．バックグラウンドの吸収はないものとして次の計算をせよ．

(1) 吸光度を求めよ．
(2) 別の方法で物質Aの濃度を求めたところ，$8.0×10^{-5}$ mol dm^{-3} であった．モル吸光係数を求めよ．
(3) 2.0 cmのセルを用いて，物質Aを含む水溶液の透過率を測定したところ32.0%であった．物質Aの濃度を求めよ．ただし，バックグラウンドの吸収はないものとする．

2.2

物質Aを $1.0×10^{-4}$ mol dm^{-3} の濃度で含む水溶液の 300 nm と 550 nm での透過率は，それぞれ 44.7% と 77.6% であった．一方，物質Bを $1.0×10^{-3}$ mol dm^{-3} の濃度で含む水溶液のそれぞれの波長での透過率は，58.9% と 20.9% であった．物質AとBの両方を含む水溶液のそれぞれの波

長における透過率は，36.3%と56.2%であった．物質 A と B の濃度（c_A, c_B）を求めよ．ただし，測定はすべて 1.00 cm のセルを用いたとする．

2.3

水中の鉄イオン Fe^{2+} を定量する目的で検量線を作成するために，鉄イオンを含む水溶液にフェナントロリン $C_{12}N_2H_8$ を加えて錯体を生成させ，波長 510 nm で透過率の測定を行って次表のデータを得た．

鉄イオン濃度 [$\mu g\, cm^{-3}$]	透過率 [%]
0.8	70
1.6	48
2.4	34
3.2	23

(1) 検量線を描け．
(2) 河川水を採取し，同じ操作をして透過率を測定したところ 65% であった．河川水に含まれる鉄 Fe の濃度を求めよ．ただし，ブランク溶液の透過率は 100% とする．また共存元素の影響はないものとして計算せよ．

2.4

鉄イオン Fe^{2+} とフェナントロリン $C_{12}N_2H_8$ から形成される錯体の組成を調べるために，連続変化法の実験を行い次表のデータを得た．錯体の組成はいくらであるか．なお，測定波長は 510 nm である．

Fe^{2+} [$10^{-4}\,mol\,dm^{-3}$]	$C_{12}N_2H_8$ [$10^{-4}\,mol\,dm^{-3}$]	吸光度
2.00	0.00	0.002
1.80	0.20	0.076
1.60	0.40	0.149
1.40	0.60	0.223
1.20	0.80	0.295
1.00	1.00	0.371
0.80	1.20	0.445
0.60	1.40	0.517
0.40	1.60	0.443
0.20	1.80	0.223
0.00	2.00	0.001

第3章
原子吸光分析法と発光分析法

本章では，微量の金属成分の分析に広く用いられている原子吸光分析法と発光分析法について説明する．

河川水や飲料水に含まれる金属元素には，水銀 Hg, ヒ素 As など微量でも有毒なものがあるために，精度よく定量する必要がある．このために，現在ではさまざまな分析法が提案されているが，それらの中でも原子吸光分析法と発光分析法は，機器分析の中でも比較的簡便で精度もよいために，分析の現場では重宝な方法として広く利用されている．

吸 光	発 光	中空陰極ランプ	予混合燃焼バーナー	燃焼ガス
助燃ガス	ランベルト-ベール則	絶対検量線法	標準添加法	炎光分析法
誘導プラズマ	微量分析	ICP		

3.1 原子吸光分析法

試料を加熱すると，含まれている成分の原子が解離して原子化し，高温の原子の霧の状態になる．こうして生まれた原子蒸気相に原子に固有の波長の光を照射すると，原子が基底状態から励起状態に遷移するため光を吸収[*1]する．吸収した光の強度から元素の定量が可能となる．この方法を原子吸光分析法とよぶ．

ほとんどの金属元素は高温で光を吸収するので，原子吸光分析法は金属元素の分析に広く用いられている．吸収する光の波長範囲は狭く，元素に固有の値であるので，ほかの元素が混入していてもそれらの影響を受けにくい特徴がある．しかし，光源を元素ごとに用意する必要があるため，多元素を同時に定量することが困難である．また，この方法は試料を加熱気化して測定するため，測定後の試料が元の形態をとどめない破壊分析である．

3.1.1 原子吸光分析装置

原子吸光分析装置の例と装置の構造概略図を図3.1に示す．装置は，光源部，試料導入部，原子化部，分光・検出部からなる．各部位を順次説明する．

(a) 光源部

光源には，原子固有のスペクトルを発する中空陰極ランプが用いられる．中空陰極ランプの例を図3.2に示す．中空陰極ランプは低圧のアルゴン Ar を含んだランプで，陰極は分析元素と同じ元

---

*1 光の吸収過程は，紫外可視分光法と同じである．

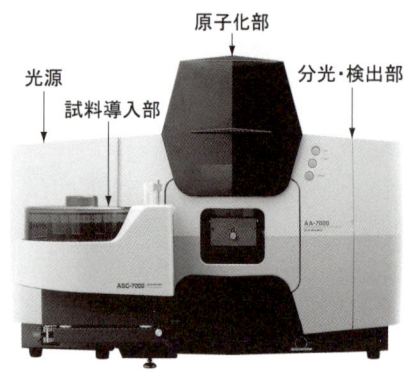
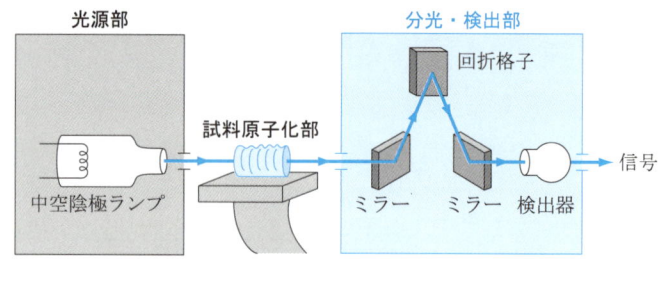

（a）装置の例（株式会社 島津製作所 AA-7000）　　　　　（b）装置の構造概略図

●図3.1● 原子吸光分析装置（光源部から発せられた光は原子化部で吸収され，分光されたあと検出部で強度が測定される）

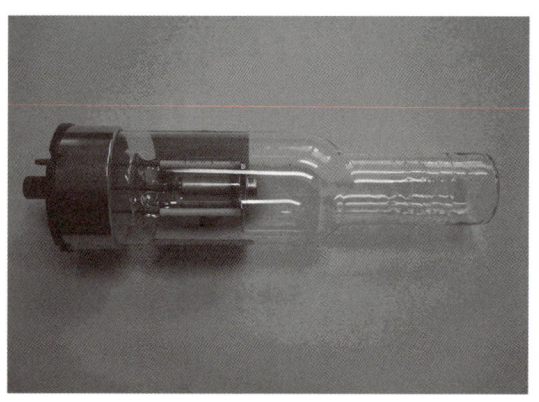

●図3.2● 中空陰極ランプの例（浜松ホトニクス）

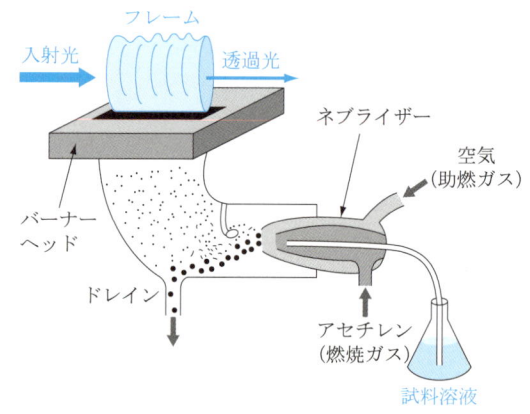

●図3.3● フレーム原子化法の試料原子化部概念図（予混合燃焼バーナー）

素を含んだ合金である．陽極との間に数百Vの電圧をかけると放電が起こり，陰極の元素が励起される．励起された原子は基底状態に戻るときに発光する．発光によって生じた輝線スペクトルの幅は，原子による吸収スペクトルの幅より狭いことが特徴である．

(b) 試料原子化部

　試料の原子化法には，フレーム原子化法とフレームレス原子化法があるが，フレーム原子化法が一般的である．フレーム原子化法の試料原子化部の概念図を図3.3に示す．

　フレーム原子化法では，溶液状態にした試料をフレーム（化学炎）中に噴霧し原子化する．バーナーには，試料溶液を直接フレーム中に導入する全噴霧バーナーと予混合燃焼バーナー（図3.3参照）があるが，予混合燃焼バーナーが一般的である．

　予混合燃焼バーナーでは，試料溶液はあらかじめ助燃ガスの吸引によってネブライザー部に導かれ，霧状の水滴となる．大きな水滴は排水口（ドレイン）から除かれ，微小な水滴のみがフレームに送られる．このため，予混合燃焼バーナー法は試料の一部が損失されるが，安定なフレームが得られる利点を有する．フレーム中に送られる試料量を増加するため，噴霧室を加熱したり，超音波を照射するなどの工夫がされている装置もある．

　霧状となった試料溶液はバーナーに導かれ，バーナーによって燃焼ガスを助燃ガスとともに燃やしてフレームとする．燃焼ガスと助燃ガスの組み合わせを表3.1に示す．

■表3.1■ フレームの種類と温度

燃焼ガス	助燃ガス	温度 [℃]
プロパン C_3H_8	空気	1700
水素 H_2	空気	2100
アセチレン C_2H_2	空気	2300
アセチレン	酸素 O_2	3100
アセチレン	一酸化二窒素 N_2O	3000

最も一般的に使われる組み合わせは，空気-アセチレンであり，この組み合わせでの達成温度は2300℃ほどである．アルミニウム Al のように高温で安定な酸化物を生じる元素では，空気を助燃剤に用いると感度が悪くなるので，助燃剤として還元性の一酸化二窒素 N_2O を用いる．このように，原子吸光分析法で元素を定量するには，目的元素の温度と性質に合わせて燃焼ガスと助燃ガスの組み合わせを選択しなければならない．

試料原子はフレーム中で原子化される．フレームには中空陰極ランプから発せられた光が照射され，原子はその光を吸収し励起される．フレームを通った光は分光部に導かれる．

(c) 分光部

分光部では光源からの光を分光し，目的成分の共鳴線を選び出す．分光にはプリズムや回折格子が用いられる．

(d) 検出部

検出部ではフレーム中で原子化した高温の原子によって吸収された光の強度を測定する．通常の検出器と同じく光電子増倍管が用いられている．

3.1.2 原子吸光分析法による定量分析

原子吸光分析法では，主に溶液中に溶存した金属イオンの定量を行う．

(a) 定量の基礎

高温で原子化された原子による光の吸収では，ランベルト-ベール則が成立する．

吸光度を A とすると，次式が成立する．

$$A = \log \frac{I_0}{I} = kcl \tag{2.3}$$

ここで，k は比例定数で紫外可視吸光法におけるモル吸光係数にあたる．c は高温ガス中での原子濃度，l は高温ガスと光路の交差している長さである．原子吸光分析法の感度は，試料導入部での損失が一定であれば，係数 k によって決まると考えてよい．

単一元素であっても，原子吸光に用いることのできる波長は複数ある．それぞれの波長によって係数 k が異なるので，検出感度が異なる．実際の分析にあたっては，適当な感度の波長を選択する必要がある．

測定波長の選択例と検出限界を表3.2に示す．多くの元素が，試料溶液 $1\,cm^3$ 中に数十 ng（数十 ppb）から十分の 1 ng（数百 ppt）の濃度で含まれていれば，検出，定量が可能であることがわかる．また，ハロゲン[*2]や硫黄 S などの元素は，ppm（$1\,cm^3$ 当たり数 μg）レベルでないと検出できず，ほかの金属元素より感度が悪いことがわかる．

(b) 実際の定量法

測定には図2.8に示した絶対検量線法を用いることが多いが，そのほかに標準添加法，内標準法も必要に応じて使われる．

● 絶対検量線法

図2.8で示した絶対検量線法を原子吸光分析法に応用する場合，検量線の縦軸はあらかじめ調製された標準試料の吸光度とし，横軸は濃度とする．ついで実試料の吸光度から溶液の濃度を求める．

● 標準添加法

標準添加法（図3.4参照）は，試料をいくつかに均等に分け，既知の量の目的元素を添加し，添加濃度と試料濃度の和を測定する方法である．横

[*2] フッ素 F，塩素 Cl，シュウ素 Br，ヨウ素 I の元素群をいう．

■表3.2■ 原子吸光分析法の検出限界

元　素	波長 [nm]	検出限界 [μg cm^{-3}]	元　素	波長 [nm]	検出限界 [μg cm^{-3}]
銀 Ag	328.1	0.001	モリブデン Mo	313.3	0.02
アルミニウム Al	309.3	0.02	ナトリウム Na	589.0	0.0002
ヒ素 As	193.7	0.02	ニッケル Ni	232.0	0.002
金 Au	242.8	0.01	リン P	213.6	100
バリウム Ba	553.6	0.01	鉛 Pb	283.3	0.01
ベリリウム Be	234.9	0.001	白金 Pt	265.9	0.05
ビスマス Bi	223.1	0.003	ルビジウム Rb	780.0	0.002
カルシウム Ca	422.7	0.001	硫黄 S	180.7	5
カドミウム Cd	228.8	0.001	アンチモン Sb	217.6	0.03
コバルト Co	240.7	0.002	スカンジウム Sc	391.2	0.02
クロム Cr	357.9	0.002	セレン Se	196.0	0.1
銅 Cu	324.8	0.001	ケイ素 Si	251.6	0.02
鉄 Fe	248.3	0.004	スズ Sn	224.6	0.02
ガリウム Ga	287.4	0.05	ストロンチウム Sr	460.7	0.002
ゲルマニウム Ge	265.2	0.1	チタン Ti	364.3	0.05
水銀 Hg	253.7	0.2	ウラン U	358.5	20
ヨウ素 I	183.0	25	バナジウム V	318.4	0.02
カリウム K	766.5	0.001	タングステン W	400.9	0.5
リチウム Li	670.8	0.0003	亜鉛 Zn	213.9	0.01
マグネシウム Mg	285.2	0.0001	ジルコニウム Zr	360.1	1
マンガン Mn	279.5	0.0008			

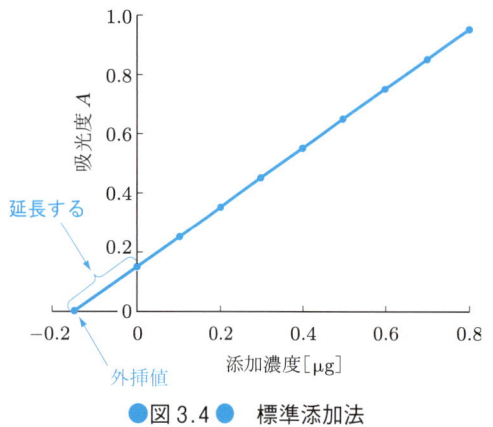

●図3.4● 標準添加法

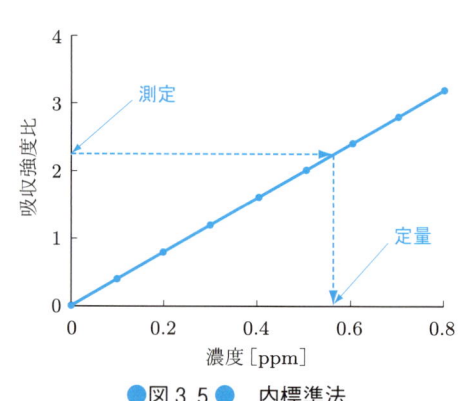

●図3.5● 内標準法

軸に添加濃度をとったとき，定量値はx軸との交点の外挿値から得られる．

内標準法

内標準法（図3.5参照）は，同時に2種類の元素を測定するために光源部と分光部を二つ備える二光路測定法が必要なので原子吸光分析法ではあまり用いられないが，まれに測定例がある．この方法では，試料に内標準元素として目的元素以外の元素を一定量加え，目的元素と内標準元素の両方の吸収を測定し，吸収強度の比を測定する．複数の標準試料について得られた強度比から検量線を作成する．分析試料にも同じ量の内標準元素を加え，吸収強度の比を測定し，検量線と比較することによって定量する．この方法では，目的元素の吸収強度と常に同一量含まれる内標準物質の吸収強度との比を測定するので，測定精度が高くなる利点がある．

Coffee Break

原子吸光の源は太陽？

ドイツの物理学者フラウンホーファー（J. v. Fraunhofer, 1787-1826）は，太陽の光のスペクトルを研究していて，白色，すなわち連続と思われていた太陽光に，何本か光がない場所があることに気づいた．

光がなくなる原因は，地球に届いたあとの大気による吸収もあるが，太陽に含まれる原子による吸収もある．その中に，589.594 nm と 588.998 nm にも吸収がある．この吸収は，太陽大気中のナトリウムによるもので，ナトリウムD線とよばれている．

黄色のナトリウムD線は，地球上でも簡単に作ることができ，ナトリウムランプとして高速道路の夜間照明やトンネル内の照明でおなじみである．

太陽で光を吸収する現象は原子吸光そのものであるし，電球の中での発光は，次節で述べる発光分析法につながっている．

3.2　発光分析法

原子吸光分析法は，高温に熱せられた原子が特定の波長の光を吸収することを利用した分析法であった．この場合，加熱された原子は外部から照射された光のエネルギーで高いエネルギー状態に遷移する．

しかし，遷移は光だけで起こるものではない．基底状態にある原子は，高温状態に置かれると熱によって励起され，高いエネルギー準位に遷移する．励起された原子は，再び基底状態に戻るとき原子固有の光を発する．すなわち，高温の状態におかれた原子は発光する[*3]（図3.6参照）．この現象を利用した分析法が発光分析法である．

発光現象を利用した分析法としては，炎光分析法，アーク放電法，ICP（inductively coupled plasma）[*4] 発光分析法などが知られているが，本節では炎光分析法とICP発光分析法を取り上げる．発光分析法の装置は，基本的には原子吸光分析法の装置から発光部を除いたものと考えてよい．

3.2.1　フレームによる発光（炎光分析法）

フレーム（化学炎）によって，アルカリ金属元素やアルカリ土類金属元素は発光する．この現象は炎色反応として知られている．発光強度が原子濃度に比例することを利用して定量分析が可能で

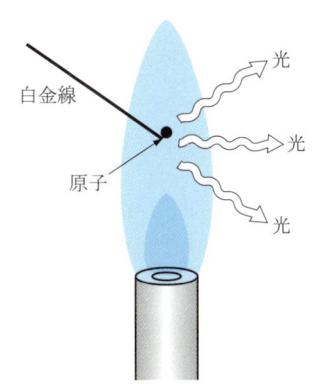

●図3.6●　フレーム中での原子の発光

[*3]　原子の発光現象としては，夏の夜空を彩る花火でおなじみである．
[*4]　誘導結合プラズマともいう．

ある.

炎光分析法でのアルカリ金属およびアルカリ土類金属元素の検出限界を表3.3に示す[*5].

フレームの温度ではアルカリ金属やアルカリ土類金属以外ではごく少数の金属イオンしか発光しない. したがって, これらの金属イオンに対しては高い選択性がある. しかし, 利用できる元素がごく限られているため一般的ではない.

■表3.3■　アルカリ金属およびアルカリ土類金属元素の炎光分析の検出限界（空気-アセチレン炎）

元　素	波長 [nm]	検出限界 [μg cm^{-3}]
バリウム Ba	553.6	0.05
カルシウム Ca	422.7	0.005
リチウム Li	670.8	0.005
カリウム K	766.5	0.005
マグネシウム Mg	285.2	0.5
ナトリウム Na	589.0	0.0005
ルビジウム Rb	780.0	0.001
ストロンチウム Sr	460.7	0.004

3.2.2　ICPによる発光（ICP発光分析法）

古くからの炎光分析法やアーク放電, スパーク放電を利用した発光分析法に代わって, 近年はICPを用いた発光分析法が最も広く用いられている.

ICPとは, アルゴンガスを高周波で励起すると発生する高温のプラズマのことである. プラズマの温度は原子吸光分析装置で用いられるフレームより高く, 原子をこのプラズマの中に導入すると, ほとんどの元素が発光する. このプラズマ発光の波長は元素に固有である. 発光強度がプラズマ中の原子濃度に比例することを利用して定量分析を行う.

3.2.3　ICP発光分析装置の概要

ICP発光分析装置の概念図を図3.7, 3.8に示す. 装置は, 原子から発せられた光を高精度で分光するために, 光路長を大きくとった分光器によって分光され検出される[*6].

ICPによる発光部を図3.9に示す. アルゴンガスを導入する石英管のまわりに, 数十MHzの高周波電磁波を導くコイルがある. あらかじめ, 高周波電磁場中において, テスラーコイルによる高電圧により発生させたスパークを用いてアルゴン

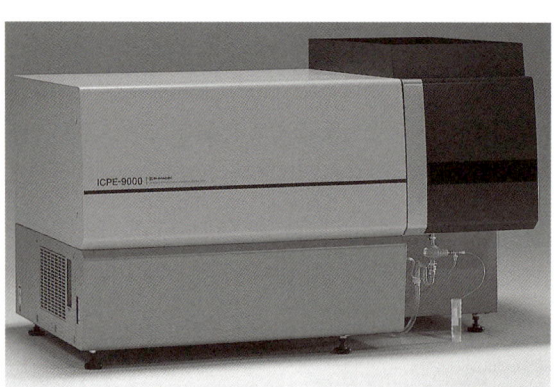

●図3.7●　ICP発光分析装置（株式会社 島津製作所）

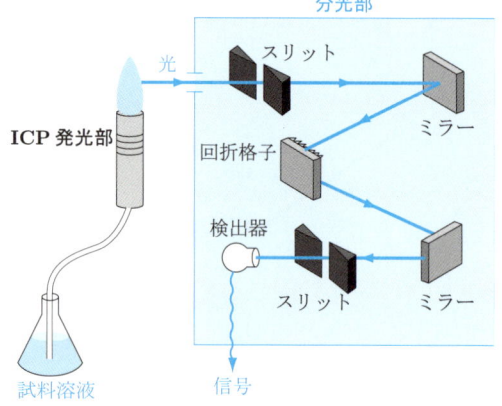

●図3.8●　ICP発光分析装置の概略図. 左のICP発光部で原子により発光した光は, 右の分光部で検出測定される.

＊5　検出限界は, バックグラウンド吸収の標準偏差 σ の3倍（3σ）の吸収強度として定義されている. 検出限界程度の微量では誤差が大きいので, 正確に分析を行うためには, 定量最低濃度を検出限界の10倍程度に設定する必要がある.
＊6　原子吸光分析法では, 多元素同時定量は困難なことに注意する.

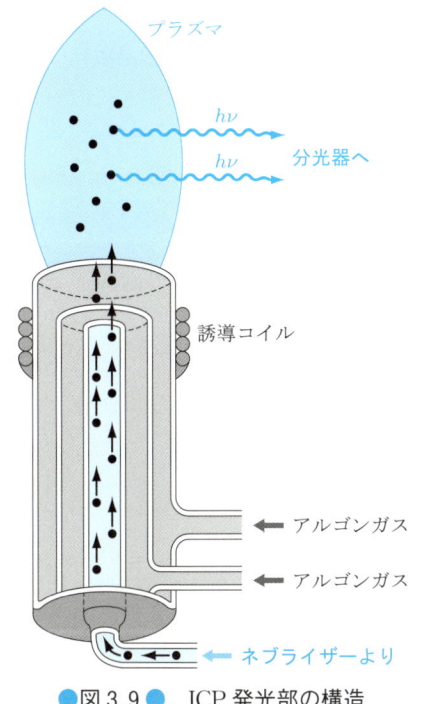

● 図 3.9 ● ICP 発光部の構造

に点火すると，アルゴンガスは電磁場中で安定したプラズマ状態を形成する．プラズマの温度は 6000〜10000 K で，原子吸光で用いられる化学炎よりもはるかに高い温度である．このような高温のプラズマ中では，ほとんどの元素が発光する．

ICP 発光分析法による分析では，試料の励起効率が高いので高感度の定量が可能である．また，プラズマ中では元素の自己吸収が少ないので，定量可能な試料濃度範囲が広い．

ICP 発光分析法は，原子吸光分析法のように光源を必要とせず，発光スペクトルの重なりも小さいので，多元素を同時に定量することが可能である．

3.2.4　ICP 発光分析法による定量分析

ICP 発光分析法で利用される金属元素の検出限界を表 3.4 にまとめた．表 3.4 では，各元素につ

■表 3.4 ■　ICP 発光分析法の検出限界

元素	波長 [nm]	検出限界 [$\mu g\ cm^{-3}$]	元素	波長 [nm]	検出限界 [$\mu g\ cm^{-3}$]
銀 Ag	328.1	0.001	マンガン Mn	257.6	0.0003
アルミニウム Al	309.3	0.004	モリブデン Mo	379.8	0.002
ヒ素 As	193.7	0.010	ナトリウム Na	589.0	0.0010
金 Au	242.8	0.003	ニッケル Ni	221.6	0.003
バリウム Ba	455.4	0.0006	リン P	213.6	0.03
ベリリウム Be	313.0	0.0001	鉛 Pb	220.4	0.02
ビスマス Bi	223.1	0.005	白金 Pt	214.4	0.01
カルシウム Ca	393.4	0.0001	硫黄 S	180.7	0.02
カドミウム Cd	214.4	0.0009	アンチモン Sb	206.8	0.01
コバルト Co	238.9	0.0009	スカンジウム Sc	361.4	0.0004
クロム Cr	205.6	0.002	セレン Se	196.0	0.015
銅 Cu	324.8	0.001	ケイ素 Si	251.6	0.005
鉄 Fe	238.2	0.0006	スズ Sn	190.0	0.01
ガリウム Ga	294.4	0.007	ストロンチウム Sr	407.8	0.0001
ゲルマニウム Ge	209.4	0.013	チタン Ti	334.9	0.0008
水銀 Hg	194.2	0.005	ウラン U	386.0	0.05
ヨウ素 I	178.3	0.05	バナジウム V	309.3	0.001
カリウム K	404.7	0.04	タングステン W	207.9	0.01
リチウム Li	670.8	0.001	亜鉛 Zn	213.9	0.001
マグネシウム Mg	279.6	0.0001	ジルコニウム Zr	343.8	0.002

いて最も検出限界の小さい波長を列挙した．

ICP発光分析法はほとんどの金属元素に適用できるが，非金属元素は励起効率が低く不向きである．ICP発光分析法による元素の検出限界はプラズマ内での原子の励起効率とバックグラウンド強度の変動によって決まるが，検出限界は表3.2の原子吸光分析法による検出下限とほぼ同じレベルである．

Coffee Break

分析法の結合 … ICP-MS

原子は，ICPの高温のガスの中では大部分がイオン化していると考えられている．ならば，イオン化した原子を質量分析器（MS, mass spectrometer）に導入すればよいではないかという考えが成り立つ．

この考えで製作されたのがICP-MSと名づけられた装置である．第7章で述べる質量分析器の原子のイオン化部をICPに変更した装置である．MS部分は測定対象となる原子の質量数範囲が狭いので，検出は四重極型質量分析器で十分である．この装置は非常に高感度なので，極微量の金属イオンの測定に用いられる．

しかし，高感度であるがゆえに，通常の実験室では大気中の粉塵などの影響を受けやすくなる．そのため，ICP-MSを使った分析には特別なクリーンルームが必要である．

演・習・問・題・3

3.1
原子吸光分析法が多元素同時定量法に向かない理由を述べよ．

3.2
原子吸光分析法でカドミウムCdの濃度が1.5 ppmの標準試料を測定したところ，吸光度は0.130であった．純水を使って同じ手順の測定を行ったところ，0.004の吸光度を示した．ついで，カドミウムを含む実験排水を同じ条件で測定したところ，吸光度0.085となった．実験排水中に含まれるカドミウム濃度を求めよ．

3.3
原子吸光分析法で鉄鋼中のクロムCrの定量を行うために，標準添加法を試みた．それぞれ鉄鋼1.00 gにクロムを0, 25, 50, 75 μg加えたあと，酸で溶解し調整した4個の溶液の吸光度は0.060, 0.112, 0.170, 0.215であった．鉄鋼中のクロムの含有量はいくらか．

3.4
ICP発光分析法で水中のバナジウムVを定量するために，イットリウムYを内部標準に用いて，表3.5のようなデータを得た．実試料に含まれるバナジウム濃度を求めよ．

■ **表3.5** 内部標準法によるバナジウムVの定量

濃度 [ppm]	バナジウムVの発光強度	イットリウムYの発光強度
0	0	880
1.0	172	905
2.0	390	950
3.0	551	875
4.0	722	925
実試料	430	930

第4章

X線分析法

1895年，ドイツの物理学者レントゲン（W. K. Röndtgen, 1845-1923）は，真空放電の研究の中で偶然，未知の放射線X線を発見した．その後，X線は波長がとても短く，結晶によって回折を起こすことがわかり，物質の構造を解明する有力な手段となった．本章ではX線を利用した分析法について学ぶが，あわせて初歩的な結晶学についても説明する．

| X線回折 | 固有X線 | 連続X線 | ランベルト–ベール則 | 質量吸収係数 |
| ブラッグの式 | 結晶 | 蛍光X線 | ミラー指数 | |

4.1 X線の性質

X線を用いた分析法を説明する前に，基礎となるX線の性質について説明する．

4.1.1 X線の原理

図1.1に電磁波の波長と呼称の関係を示したが，X線（X-rays）は波長が数十Å[*1]より短く，紫外線領域より波長の短い電磁波である．紫外線の領域は160 nm（1600 Å）程度までである．これより短い波長は，空気による散乱吸収の影響を強く受ける．空気の影響を避けるためには光路を真空にする必要があり，測定が困難となるので，実用的な分析法が確立されていない．

波長がさらに短くなると光子のエネルギーが大きくなり，空気の影響を受けにくくなる．容易に測定できるX線波長は数Åよりも短い波長であり，機器分析に使われるX線の波長はこの波長領域にある．波長の短いX線を硬X線，長いX線を軟X線という．硬X線は波長が短いため透過力が強く，物質の内部にまで透過する．一方，軟X線は波長が長く，化学結合などの影響を受けるので，物質の化学状態を知るには好都合である．

4.1.2 X線の発生

実験室で使われるX線は，通常X線管で生成される．X線管の構造を図4.1に示す[*2]．

図4.1からわかるように，X線管は二極真空管

[*1] 「オングストローム」と読み，X線の波長を表す単位である．SIでは10^{-1} nmである．X線関係では，いまだにÅが用いられ，またX線結晶学のデータベースもすべてÅが用いられている．本章でも単位としてÅを用いる．
[*2] 対陰極を回転させて冷却能率を向上させた回転対陰極X線管も利用されている．封入管の数倍の出力が得られる．

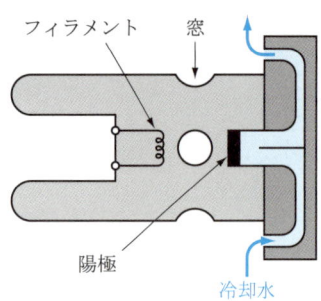

●図 4.1● X 線管の概略図

の一種である．フィラメントに低電圧の電流を流すと，フィラメントから熱電子が発生する．発生した熱電子は，X 線管のフィラメントと陽極の間に印加された数十 kV の高電圧によって加速され，陽極（対陰極，ターゲットともいう）に衝突する．衝突した電子のほとんどは，陽極でエネルギーを失って発熱するが，発生した熱で陽極が溶けるのを防ぐため，陽極は水冷される．陽極に衝突した電子から X 線が発生する効率は 1 % 程度であり，発生した X 線はベリリウム製の窓から取り出される．

4.1.3 固有 X 線と連続 X 線

発生した X 線のスペクトルの一例を図 4.2 に示す．この図は陽極物質に銅を使用し，陽極と陰極の間の印加電圧（加速電圧ともいう）を 20 kV としたときに得られるスペクトルを示している．

横軸は X 線の波長（単位 Å），縦軸は X 線の強度である．

一見してわかるように，X 線管から発生する X 線は広い波長領域にわたって分布する連続 X 線（白色 X 線ともいう）と，鋭いピークをもつ固有 X 線（特性 X 線ともいう）からなる．固有 X 線スペクトルと連続 X 線スペクトルがまったく異なる様相を示す理由は，両スペクトルの発生機構がまったく異なるためである．

(a) 固有 X 線

固有 X 線の発生機構を図 4.3 に示す[*3]．原子内の電子は図 4.3 (a) に示すように，核の陽電荷により核との間で強い引力がはたらいている．引力は内殻の電子ほど強く，このためポテンシャルエネルギーは内殻の電子ほど低い．電子のポテンシャルエネルギーを同図 (b) に示す．ポテンシャルエネルギーの値は元素に固有であり，電子殻に

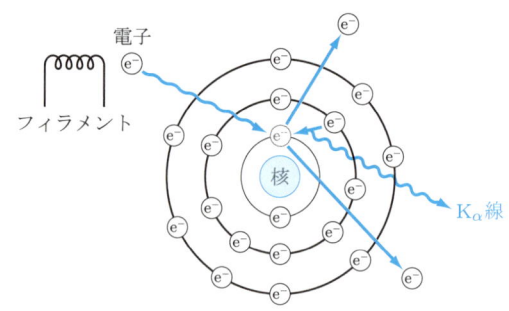

(a) 固有 X 線の発生（K_α 線）

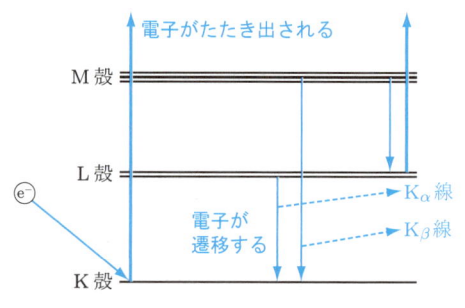

(b) 軌道エネルギー準位と固有 X 線の発生

●図 4.3● 固有 X 線の発生概念図と軌道エネルギー準位

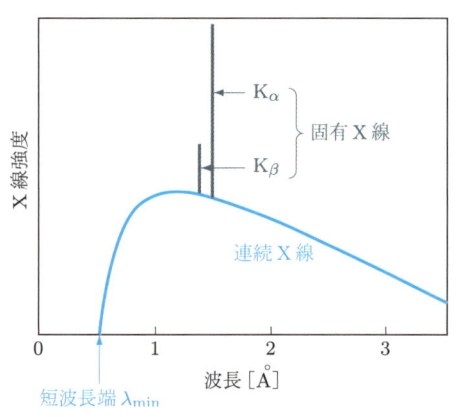

●図 4.2● X 線管球からの X 線スペクトルの例
（陽極：銅 Cu, 印加電圧 20 kV）

---

*3 実際には，電子の軌道はさらに細かく分かれているので，発生する X 線はもう少し複雑である．

より固有の不連続な値をとる．たとえば銅Cuの場合，最も内側のK殻に1s軌道があり，エネルギーの低い順にL殻の2s軌道と2p軌道，M殻の3s軌道と3p軌道，N殻の4s軌道，さらにM殻の3d軌道に電子が存在する．

図4.3(a)に示したように，X線管のフィラメントから発生した熱電子は，印加電圧で加速され原子に衝突する．加速された電子が銅原子の1s軌道にある電子に衝突したとする．加速された電子のエネルギーが，1s軌道の電子を核から引き離すのに十分な大きさであれば，軌道電子は核外に弾かれ1s軌道は空となる．すると，より高いポテンシャルにある軌道の電子，たとえば2p軌道の電子が1s軌道に遷移する．このとき，2p軌道と1s軌道のエネルギーの差に応じた電磁波が放射される．これが固有X線である．

K殻の空の1s軌道に電子が遷移したときに生じるX線をまとめてKX線とよぶ．KX線にはK_α線，K_β線などが含まれる．K_α線はL殻の2p軌道電子が1s軌道に遷移するときに発生するX線，K_β線はM殻3p軌道の電子の遷移に伴うX線をいう．KX線のほか，LX線，MX線なども発生する．

軌道のポテンシャルエネルギーは元素に固有であるため，固有X線のエネルギーも元素に固有である．固有X線波長の例を表4.1に示す．

■表4.1■　固有X線の波長

元素	原子番号	K_αのX線波長λ [Å]
銀 Ag	47	0.561
スカンジウム Sc	21	3.032
クロム Cr	24	2.291
鉄 Fe	26	1.937
コバルト Co	27	1.790
ニッケル Ni	28	1.659
銅 Cu	29	1.542
モリブデン Mo	42	0.711

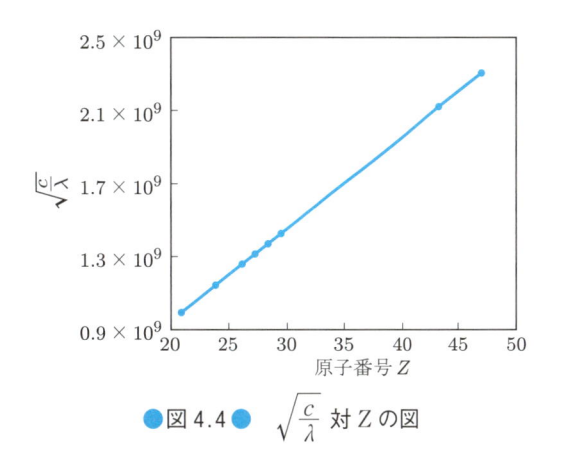

●図4.4●　$\sqrt{\dfrac{c}{\lambda}}$ 対 Z の図

同系列の固有X線の振動数（$\nu=c/\lambda$，ここでcは光速，λはX線の波長である）の平方根を縦軸，原子番号Zを横軸として作図すると，図4.4のような直線図形になる．

この直線は式(4.1)で表され，変形すると式(4.2)の形になる．

$$\sqrt{\dfrac{c}{\lambda}} = aZ - b \tag{4.1}$$

$$\nu = \dfrac{c}{\lambda} = K(Z-\sigma)^2 \tag{4.2}$$

式(4.2)をモーズリー[*4]の法則（Moseley's law）とよぶ．σはK殻，L殻など，はじめに電子がはじき出される軌道によって決まる定数である．

(b) 連続X線

連続X線は，対陰極に高速で衝突する電子が失うエネルギーがX線となって放射されたものである．加速された電子が陽極に打ち込まれると，電子は陽極を構成する物質の電場との相互作用によってエネルギーを失う．失われるエネルギーの大部分は熱となるが，一部はX線となって放射される．衝突によって失われるエネルギーは，さまざまな値をとりうるので，発生するX線のエネルギーもさまざまな値をとりうる[*5]．したがって，X線は図4.2に示した短波長端λ_{min}よりも長い波長のX線からなる連続的な分布となる．

[*4] H. Moseley (1887-1915)．イギリスの物理学者．27歳で第一次世界大戦に従軍し戦死した．
[*5] 透過力の強いX線が必要な場合は，X線管に高電圧を印加する．医療用のX線では100 kVもの印加電圧をかけるが，照射時間が短い．

λ_{min} は対陰極に衝突した電子のエネルギーすべてが一時的にX線になったものだから，電子のエネルギーをE ($=eV$) とすると

$$\lambda_{min} = \frac{hc}{eV} \quad [\text{Å}] \qquad (4.3)$$

となる．ここで，hはプランク定数，eは電荷素量，Vは印加電圧である．h, c, e それぞれに値を代入して整理すると，印加電圧の単位にV（ボルト）を用いた場合，$h=4.1356\times 10^{-15}$ eV s, $c=2.998\times 10^8$ m s^{-1}を代入すると，

$$\lambda = \frac{12400}{V} \quad [\text{Å}] \qquad (4.4)$$

と書くことができる．印加電圧が20 kVであれば，λ_{min} は約0.6 Åとなる．連続X線の最短波長は対陰極物質によらず，加速電圧のみによって決まる．

4.1.4　X線の吸収

(a)　ランベルト-ベール則

X線の吸収には，紫外可視吸収スペクトルの場合と同じくランベルト-ベール則が成立する[*6]．すなわち，図4.5のように物質によるX線の吸収実験を考える．入射X線強度をI_0，透過X線強度をI_tとすると，式(4.5)[*7]が成立する．

$$\ln \frac{I_0}{I_t} = \mu \rho d \qquad (4.5)$$

ここで，μはX線の質量吸収係数 [cm^2 g^{-1}]，ρは密度 [g cm^{-3}]，dは試料厚 [cm] である[*8]．第

2章で扱った紫外可視光の吸収と異なるのは，X線の吸収では自然対数が採用されていることである．

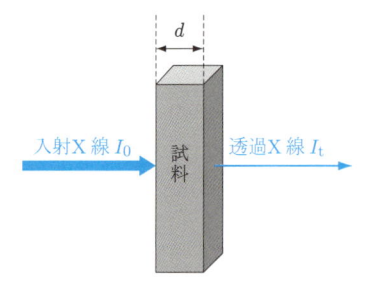

吸収係数の例を表4.2に示す．また，吸収係数の波長依存性の概略図を図4.6に示す．吸収係数は元素に固有であり，入射X線波長に依存する．表4.2から，X線の波長が短くなるにつれ，吸収係数は小さくなる傾向にあることがわかる．すなわち，短波長のX線ほど透過力が大きい．また，原子番号が大きくなると吸収係数が大きくなる．これは，原子番号の増加とともに原子中の電子数が増加するためである．

■表4.2■　ニッケルNiの吸収係数μの波長依存性

λ [Å]	μ [cm^2 g^{-1}]	λ [Å]	μ [cm^2 g^{-1}]	λ [Å]	μ [cm^2 g^{-1}]
0.1	0.303	1.5	44	5.0	1050
0.2	1.42	2.0	96	6.0	1570
0.3	4.15	2.5	193	7.0	2350
0.5	17.0	3.0	295	8.0	3300
1.0	121	4.0	600	10.0	5600

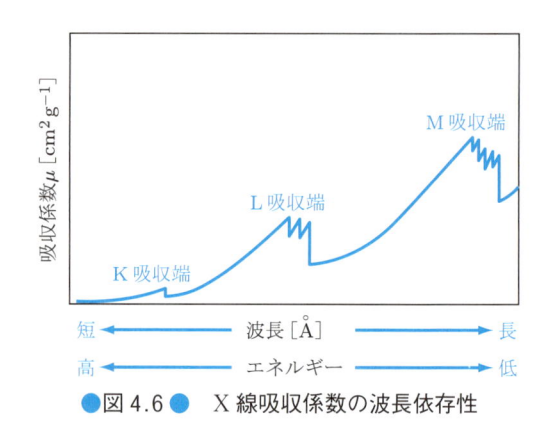

●図4.6●　X線吸収係数の波長依存性

(b)　吸収端

図4.6の吸収係数の波長依存性を詳しくみると，ところどころに吸収係数の不連続点があることがわかる[*9]．表4.2では，1.0 Åと1.5 Åの間に不連続点がある．この不連続を吸収端という．すなわち，1.0 Å以下では波長が長くなるにつれて吸

●図4.5●　物質によるX線の吸収

[*6] 光の吸収では，常にランベルト-ベール則が成立する．
[*7] 式4.5のX線の吸収においては，自然対数で表される．常用対数ではないことに注意する．
[*8] $\mu\rho$ をひとまとめにして線吸収係数ということもある
[*9] X線は，高いエネルギーをもつ粒子として作用していることに注意する．

収係数が大きくなるが，1.5 Å での吸収係数は 1.0 Å のときより小さい．これは次のような理由による．

X 線の吸収係数 μ は，散乱による吸収 σ と光電吸収 τ [*10] による項からなる．

$$\mu = \sigma + \tau \tag{4.6}$$

散乱による吸収 σ は波長に対して連続的に変化するが，光電吸収 τ による項は連続的な変化をしない．入射 X 線のエネルギーが小さく，軌道電子をたたき出すことができないときには，長波長から短波長になるにつれて，滑らかに吸収係数は減少する．入射 X 線のエネルギーが軌道電子をたたき出すことができるようになったところで，吸収係数が突然大きくなる．吸収係数が突然大きくなるエネルギーを吸収端という（図 4.6 参照）．K 殻の電子をたたき出すのに必要なエネルギーに対応する吸収端を K 吸収端という．同様に，K 吸収端より低エネルギー側に L 吸収端，M 吸収端が存在する．吸収端よりエネルギーがさらに大きくなれば，再び吸収係数は滑らかに減少する．

同系列の吸収端エネルギーは原子番号の増加とともに大きくなり，吸収端波長は短くなる．

(c) 吸収の加成性

X 線の吸収係数には**加成性**[*11] が成立する．すなわち，ある物質の波長 λ における吸収係数を $\mu(\lambda)$ とすると，

$$\mu(\lambda) = \sum_i x_i \mu_i(\lambda) \tag{4.7}$$

である．ここで，x_i はその物質を構成する成分元素 i の質量分率，$\mu_i(\lambda)$ はその成分の波長 λ における吸収係数である．

例題 4.1 X 線の波長が 1.0 Å のときの塩化ナトリウム NaCl の吸収係数を求めよ．この波長でのナトリウム Na と塩素 Cl の質量吸収係数は，それぞれ 8.8 と 29.7 である

解答 ナトリウムの原子量は 22.99，塩素の原子量は 35.45 である．よって，ナトリウムと塩素の質量分率 x_{Na} と x_{Cl} は次のようになる．

$$x_{Na} = \frac{22.99}{22.99 + 35.45} = 0.39$$

$$x_{Cl} = \frac{35.45}{22.99 + 35.45} = 0.61$$

質量吸収係数の加成性から，塩化ナトリウムの質量吸収係数 μ_{NaCl} は，次のようになる．

$$\mu_{NaCl} = 8.8 \times 0.39 + 29.7 \times 0.61$$
$$= 21.55 \quad [cm^2 g^{-1}]$$

Coffee Break

X 線は危険!?

X 線は発見以来，まず医療用として発展し，その後，研究手段として利用され，今に至っている．物質工学に携わる人たちだけではなく，一般の人たちにもなじみのある手法であり，産業分野では材料の欠陥を発見する手段として使用されている．身近なところでは，空港の荷物検査に用いられている．

しかし，X 線も放射線の一種であることを忘れてはならない．長時間大量の X 線に被曝すると，皮膚の火傷や，生殖細胞に異常をきたし，最悪の場合，自身の生命に関わるばかりか，子孫への影響も懸念される．

実験室で扱う X 線は，医療用よりも波長が長く，また出力も小さいので，医療用ほど危険ではないとしても，X 線の扱いには十分注意すべきである．装置から X 線がもれないようにする方策が必要なことはもちろんであるが，X 線装置専用の部屋で実験を行うことが望ましい．

[*10] X 線が原子中の電子に衝突し，電子を原子外に跳ね飛ばすことによって起こる吸収のことである．
[*11] 加成性も紫外可視分光法と同じである．

> **例題 4.2** 塩化ナトリウムの密度は 2.17 gcm^{-3} である．厚さ 0.50 mm の塩化ナトリウム結晶の波長 1.0 Å の X 線の透過率を求めよ．
>
> **解答** 式(4.5)を使う．例題 4.1 で計算したように，塩化ナトリウムの質量吸収係数 μ は 21.55 cm^{2}g^{-1} であるから
>
> $$\ln \frac{I_0}{I_t} = 21.6 \times 2.17 \times 0.050$$
> $$= 2.34$$
>
> となる．よって，透過率 T は，
>
> $$T = \frac{I_t}{I_0} = \exp(-\mu \rho d)$$
> $$= 0.096$$
>
> である．すなわち，約 10% の X 線が透過する．

4.2 X線回折分析法

結晶は規則正しく並んだ原子の集合体である．X線はそれらの原子により反射されるが，原子が規則正しく並んでいるために，X線の反射はある決まった方向にしか起こらない．この現象をX線回折という．

本節は，X線回折現象と回折X線を用いた分析法，すなわちX線回折分析法の説明を行うことを主目的としている．しかし，結晶による回折を理解するためには結晶についての知識が不可欠なので，あわせて結晶学の初歩について説明する．

4.2.1 X線回折の原理

(a) 原子網面によるX線の回折

規則正しく並んだ原子によって構成される二つの平行した面（原子網面）を考える（図4.7参照）．面の間の間隔を d [Å] とする．d の値はX線の波長と同程度である．ここにX線が角度 θ で入射し，面によって角度 θ で反射される．

上面で反射されたX線 a と下面で反射されたX線 b の光路差は $2d\sin\theta$ である．この差がX線波長 λ [Å] の整数倍であるとき，図4.7の2面で反射されるX線は互いに強めあい，面に対して角度 θ の方向にX線が観測され，次式が成立する．

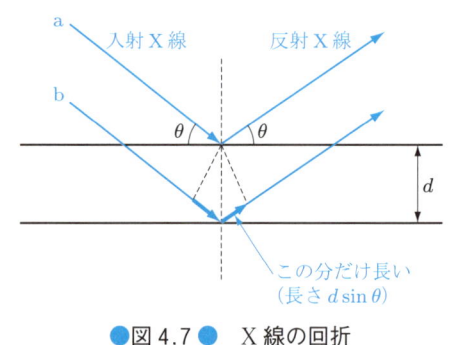

●図 4.7● X線の回折

$$n\lambda = 2d\sin\theta \qquad (4.8)$$

式(4.8)をブラッグの式[*12]といい，X線回折法における最も基本的な式の一つである．

図4.7の条件が満たされ，方向 θ に観測される反射X線を回折X線とよぶ．

(b) 結晶の成り立ち

結晶とは，構成している原子が規則正しく配列した固体をいい[*13]，原子配列の基本単位が3次元方向に繰り返し積み上げられたようにしてできている．図4.8に示す結晶の最も基本的な単位を単位胞（unit cell）という．単位胞は，3軸の長

[*12] イギリスの物理学者ウィリアム・ヘンリー・ブラッグ（W. H. Bragg, 1862-1942）と，その息子ウィリアム・ローレンス・ブラッグ（W. L. Bragg, 1890-1971）が提唱した．

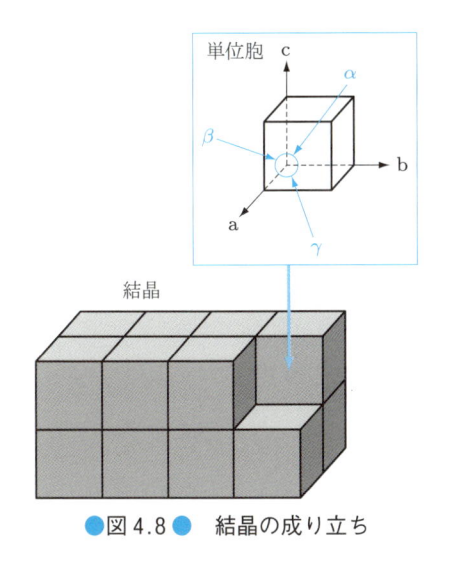

さ（a, b, c）と軸間の角度（α, β, γ）で特徴付けられる[*14]．結晶は単位胞を積み重ねてできている．

(c) 七つの晶系

単位胞は全部で7種類あり，これらを晶系という．表4.3にその一覧を示す．最も整った形（『対称性が高い』という）の晶系は，等軸晶系（立方晶系）という．等軸晶系では$a=b=c$であり，$\alpha=\beta=\gamma=\frac{\pi}{2}$である．最も対称性が低い晶系は三斜晶系であり，$a\neq b\neq c$，$\alpha\neq\beta\neq\gamma\neq\frac{\pi}{2}$である．

●図4.8● 結晶の成り立ち

■表4.3■ 七つの晶系の特徴

晶系	軸長	軸角	晶系	軸長	軸角
等軸（立方）	$a=b=c$	$\alpha=\beta=\gamma=\frac{\pi}{2}$	菱面体（三方）	$a=b=c$	$\alpha=\beta=\gamma\neq\frac{\pi}{2}$
正方	$a=b\neq c$	$\alpha=\beta=\gamma=\frac{\pi}{2}$	単斜	$a\neq b\neq c$	$\alpha=\gamma=\frac{\pi}{2}\neq\beta$
斜方	$a\neq b\neq c$	$\alpha=\beta=\gamma=\frac{\pi}{2}$	三斜	$a\neq b\neq c$	$\alpha\neq\beta\neq\gamma\neq\frac{\pi}{2}$

[*13] 一般に結晶というと大きく成長した固体のことを指し，ごく小さな（大きさが1 μmに満たないこともある）結晶を粉末と呼ぶことが多いが，結晶学的にはどちらも同じ結晶であり，単に大きさが異なるに過ぎない．十分成長した完全な結晶を単結晶，成長していない微結晶の集まりを粉末という．
[*14] 角αはa軸の対角（bc軸に挟まれた角），角βはb軸の対角，角γはc軸の対角である．また，軸は右手系でとる．

■表4.3■ 七つの晶系の特徴（つづき）

晶系	軸長	軸角
六方	$a=b \neq c$	$\alpha=\beta=\dfrac{\pi}{2}$ $\gamma=120°$

(d) ミラー指数

結晶では，これまでに述べたように単位胞が規則正しく並んでいる．また，結晶を構成している原子も単位胞中の決まった位置に規則正しく配置しているので，単位胞に基づいてさまざまな原子網面（以後，混乱のない限り単に『面』と書く）を考えることができる．X線回折では，それぞれの面からの反射が観測されるが，それらの面を記述する方法，すなわち面の名前が必要である．その名前を ミラー指数（Miller index）[15] という．ミラー指数は，三つの数値（hkl）からなる指数でできている．ミラー指数の意味を図4.9を基に考えてみる．

単位胞の軸長を a, b, c とする．図4.9の面は，それぞれa軸方向では $a/2$ で軸と交差する．同じく，b軸では b で，c軸方向は $c/3$ でそれぞれの軸と交差する．このとき，図4.9の面のミラー指数は（213）と書かれる．

一部の軸と交差しない面も考えることができる．たとえば，a軸は a で，b軸は $b/2$ で交差するが，c軸とは平行であるような面である（図4.10参照）．この面のミラー指数は（120）と書く．

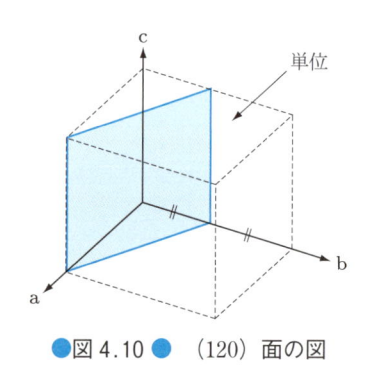

●図4.10● （120）面の図

面間隔は，単位胞の晶系，軸長とミラー指数がわかれば計算可能である（表4.4参照）．表4.4において，h, k, l は面のミラー指数を表す．
ここで

$s_{11}=b^2c^2\sin^2\alpha$
$s_{12}=abc^2(\cos\alpha\cos\beta-\cos\gamma)$
$s_{22}=a^2c^2\sin^2\beta$
$s_{23}=a^2bc(\cos\gamma\cos\beta-\cos\alpha)$
$s_{33}=a^2b^2\sin^2\gamma$
$s_{13}=ab^2c(\cos\alpha\cos\gamma-\cos\beta)$
$V^2=a^2b^2c^2(1-\cos^2\alpha-\cos^2\beta-\cos^2\gamma$
$\qquad +2\cos\alpha\cos\beta\cos\gamma)$

である．

●図4.9● ミラー指数と面の関係

---

[15] イギリスの鉱物学者ミラー（W. H. Miller, 1801-1880）が提唱した．

■表 4.4■ 各晶系における面間隔

晶系	面間隔 d [Å]
等軸（立方）	$\dfrac{1}{d^2} = \dfrac{h^2+k^2+l^2}{a^2}$
正方	$\dfrac{1}{d^2} = \dfrac{h^2+k^2}{a^2} + \dfrac{l^2}{c^2}$
斜方	$\dfrac{1}{d^2} = \left(\dfrac{h}{a}\right)^2 + \left(\dfrac{k}{a}\right)^2 + \left(\dfrac{l}{c}\right)^2$
六方	$\dfrac{1}{d^2} = \dfrac{4}{3}\dfrac{h^2+k^2+hk}{a^2} + \dfrac{l^2}{c^2}$
菱面体（三方）	$\dfrac{1}{d^2} = \dfrac{(h^2+k^2+l^2)\sin^2\alpha + 2(hk+kl+lh)(\cos^2\alpha-\cos\alpha)}{a^2(1-3\cos^2\alpha+2\cos^3\alpha)}$
単斜	$\dfrac{1}{d^2} = \left(\dfrac{h}{a\sin\beta}\right)^2 + \left(\dfrac{k}{b}\right)^2 + \left(\dfrac{l}{c\sin\beta}\right)^2 - \dfrac{2hl\cos\beta}{ac\sin^2\beta}$
三斜	$\dfrac{1}{d^2} = \dfrac{1}{V^2}(s_{11}h^2 + s_{22}k^2 + s_{33}l^2 + 2s_{12}hk + 2s_{23}kl + 2s_{13}hl)$

(e) 回折 X 線の強度

回折 X 線の強度は，原子網面による反射強度と物質による入射 X 線と反射 X 線の吸収に依存する．原子網面による反射は，すべての面で起こるわけではなく，ミラー指数と単位胞内での原子の位置によって変化する．

反射 X 線の強度 I は，結晶の構造因子 F の 2 乗に比例する．ここで F^2 は次のように書くことができる．

$$I \propto F^2 = A^2 + B^2 \tag{4.9}$$

$$A = f_a \cos 2n\pi(hx_a + ky_a + lz_a)$$
$$\quad + f_b \cos 2n\pi(hx_b + ky_b + lz_b) + \cdots \tag{4.10}$$

$$B = f_a \sin 2n\pi(hx_a + ky_a + lz_a)$$
$$\quad + f_b \sin 2n\pi(hx_b + ky_b + lz_b) + \cdots \tag{4.11}$$

ここで，f は**原子散乱因子**とよばれる原子固有の値で，反射角により回折 X 線強度がどのように変化するかを示している．n は任意の整数であり，(hkl) はミラー指数，x_a, y_a, z_a と x_b, y_b, z_b はそれぞれ原子 a，b の座標である．

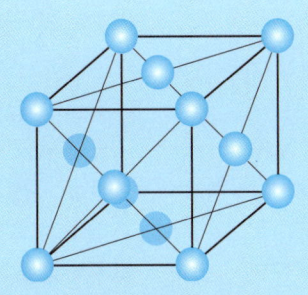

例題 4.3 図 4.11 に示した面心格子の反射 X 線強度を計算せよ．

●図 4.11● 面心格子の模式図（○：原子）

解答 面心立方では，単位胞内での原子の座標は，$(0\ 0\ 0)$, $\left(\dfrac{1}{2}\ \dfrac{1}{2}\ 0\right)$, $\left(\dfrac{1}{2}\ 0\ \dfrac{1}{2}\right)$, $\left(0\ \dfrac{1}{2}\ \dfrac{1}{2}\right)$ の 4 個である．したがって，式(4.10)と式(4.11)は，次のようになる．

$$A = f_a[\cos 2\pi(0) + \cos\pi(h+k) + \cos\pi(h+l) + \cos\pi(k+l)] \tag{4.10}'$$

$$B = f_a[\sin 2\pi(0) + \sin\pi(h+k) + \sin\pi(h+l) + \sin\pi(k+l)]$$
$$\quad = 0 \tag{4.11}'$$

よって，結晶の構造因子 F は，

$$F = A \tag{4.9}'$$

であり，A の絶対値から反射 X 線の強度がミラー指数によって変化することがわかる．すなわち，

a) h, k, l がすべて奇数のとき

$$F = A = 4f_a \tag{4.12}$$

b) h, k, l がすべて偶数のとき

$$F = A = 4f_a \tag{4.13}$$

であり，原子散乱因子に依存した X 線の反射強度が得られる．しかし，

c) h, k, l のうち，一つが奇数で残りが偶数のとき

$$F = A = 0 \tag{4.14}$$

d) h, k, l のうち，一つが偶数で残りが奇数のとき

$$F = A = 0 \tag{4.15}$$

であり，X 線は反射しないことになる．これを消滅則という．

(f) 試料による X 線回折

X 線の回折強度は，回折面による反射強度のほかに試料の X 線吸収による効果も加わる．図 4.12 において，試料内部の厚さ dx の面から反射される X 線 dI は，一般的には次式のような複雑な関数となる．

$$dI = Q_i \rho w_i I_0 \operatorname{cosec} \theta_1 \exp\left[-\sum_j w_j \rho (\mu_j \operatorname{cosec} \theta_1 + \mu_j' \operatorname{cosec} \theta_2) x\right] dx \tag{4.16}$$

X 線回折において，Q_i は結晶が入射 X 線（一次 X 線）を反射 X 線（二次 X 線）に変換する割合である．ρ は試料密度，w_i は試料中の成分 i の質量濃度，I_0 は入射 X 線の強度，θ_1 は入射角，θ_2 は出射角である．μ_j と μ_j' は，それぞれ入射 X 線と反射 X 線についての試料の質量吸収係数である．

式(4.16)を 0 から ∞ まで積分し，X 線回折の条件（$\theta_1 = \theta_2 = \theta$, $\mu_j = \mu_j'$）を考慮すると，

$$I = \frac{Q_i w_i I_0}{2 \sum_j w_j \mu_j} \tag{4.17}{}^{*16}$$

となる．式(4.17)は，X 線回折法による定量分析の基本式である．式(4.17)の分子は X 線の回折強度が入射 X 線の強度 I_0 と目的成分の重量分率 w_i に比例することを表しているが，同時に分母は試料を構成しているほかの成分の質量吸収係数によって回折強度が変化することを示しているので，X 線回折法による分析は複雑である．

4.2.2 単結晶と粉末による X 線の回折

ここまでは『結晶』という言葉を使って X 線の

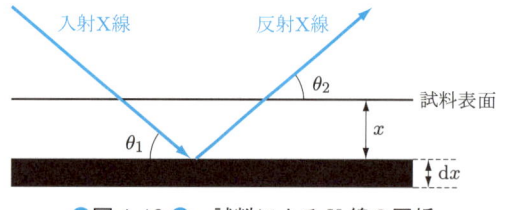

●図 4.12● 試料による X 線の回折

*16 式(4.17)は，アレキサンダー–クラグ（Alexander–Klug）の式とよばれることがある．

回折を説明してきた．実際の測定にあたっては，同じ結晶といっても単結晶と粉末試料の2種類に大別できる．

(a) **単結晶**

単結晶とは，単位胞が規則正しく積み重なり，理想的には欠陥がない結晶である．ダイヤモンドの結晶，大きな六角柱の水晶，立方体の岩塩の結晶などが典型的な例である．単結晶にX線を照射すると，図4.13のように決まった方向に回折X線が観測される[*17]．それぞれの点は，結晶のそれぞれのミラー指数に対応する．

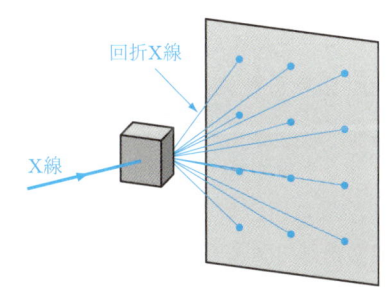

●図4.13● 単結晶によるX線の回折

(b) **粉末試料**

粉末試料によるX線回折の概念を図4.14に示す．粉末試料は，単結晶が非常に細かくなり，数

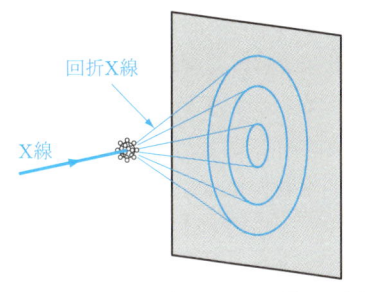

●図4.14● 粉末によるX線の回折

十μm以下の結晶が集まったものである．粉末も結晶である．単位胞の大きさは数Å～数十Åであるので，小さな結晶でも多くの単位胞の集まりである．実験的には，これらの小さな結晶を一つずつ測定することはできず，多くの微小結晶をホルダーとよばれる容器に入れて，X線の回折を測定する．小さな結晶は，理想的にはあらゆる方向をもっており，しかも無数に存在する．このような条件では，一つ一つの微小結晶から単結晶で観測されるのと同じ回折X線が発生するが，微小結晶は無数に存在するので粉末試料で観測される回折線は環状になる．これをデバイ–シェラーリング（Debye-Scherrer ring）という．現在の粉末X線回折装置では，このリングを直径方向に切り取って測定しており，図4.15に示したような回折図形が得られる．

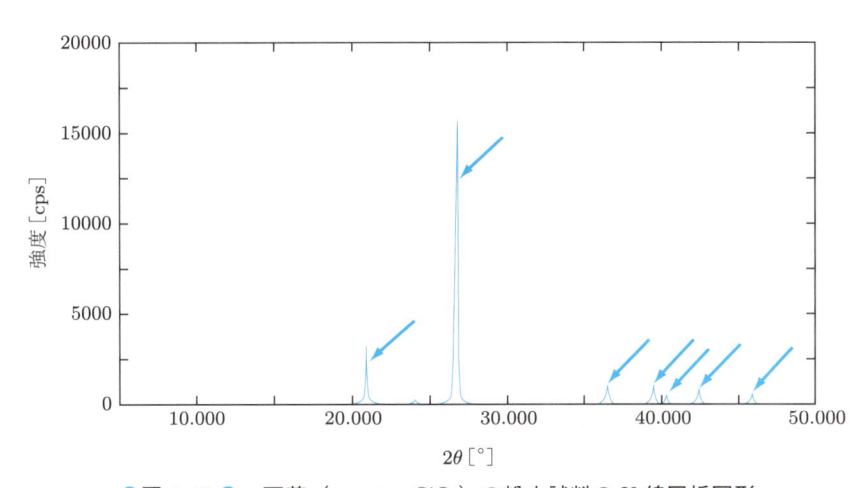

●図4.15● 石英（quartz, SiO_2）の粉末試料のX線回折図形．矢印は回折X線を示す．

[*17] 単結晶によるX線回折を測定し解析することによって，結晶構造（単位胞中の原子配置）を決定することができる．この方法でタンパク質などの構造が明らかにされている．

4.2.3 X線回折装置

X線回折装置は，X線発生装置，光学系，および検出装置からなっている．図4.16に回折装置の主部を示す．左から，X線発生装置（X線管），光学系（角度設定装置：ゴニオメーター），検出装置である[*18]．現在では，すべての装置が外部からコンピューターによって制御されている．ここでは，実験室規模で使用されるX線管球を使った回折装置について述べる．

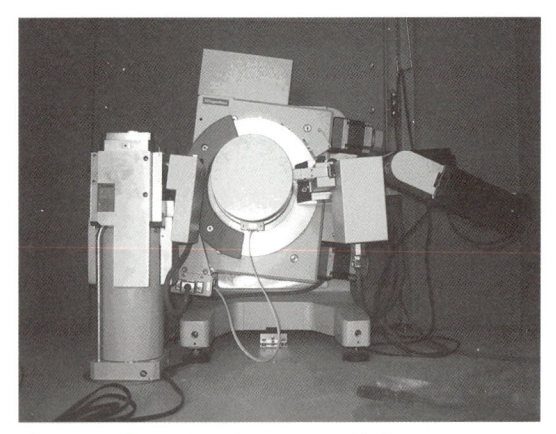

● 図 4.16 ● X線回折装置の例（(株)リガクRINT 2000/PC）

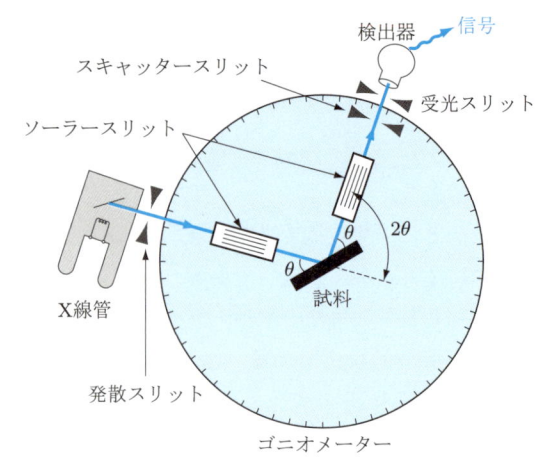

● 図 4.17 ● ゴニオメーターの概略図

(a) X線発生装置

通常，実験室に備えられた装置では，X線はX線管から発生される．X線管には，封入管式と回転対陰極型がある．封入管式のX線管の概略図は図4.1に示した．回転対陰極型のX線発生装置は，封入管式X線管の対陰極を回転させながら冷却する方式であり，封入管式よりも大きなX線出力を得ることができる．

X線管には高電圧を印加する必要があるため，X線発生装置には商用電源から高電圧を安定に発生させる装置が備わっている．

(b) 光学系

X線回折装置の光学系は，図4.17に示したゴニオメーターとよばれる角度設定装置で構成される．

ゴニオメーターの中心軸上に試料が置かれ，管球から発せられるX線の光路には，発散スリット，受光スリット，スキャッタースリット，ソーラースリットが置かれる．発散スリットは，試料の所定の位置に所定の広さでX線を照射するためのものであり，スキャッタースリットと受光スリットで分解能を調節する．ソーラースリットは，縦方向のX線の発散を制御する．

受光側には，銅管球を使う場合にはニッケル薄膜が設置されるが，最近の装置ではニッケル薄膜の代わりにグラファイトモノクロメーターを設置している場合もある．いずれも，CuK_β線の影響を少なくするためである．

(c) 検出装置

X線の検出には，比例計数管，シンチレーション計数管，半導体検出器などが用いられる．

比例計数管は，管内部に封入されたアルゴンガスのX線による電離現象を利用してX線の強度を測定する．

比例計数管の概略を図4.18に示す．比例計数管にX線光子が入射すると，アルゴン原子はAr^+とe^-に電離し，電子は陽極（＋）に，Ar^+は陰極に移動する．生じた電子の数は入射X線のエネルギーに比例する．

[*18] 受光スリットとスキャッタースリットが逆の配置になっている装置もある．

●図4.18● 比例計数管の概略図

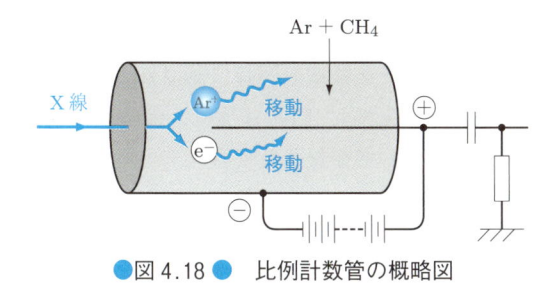

シンチレーション計数管は，2.1.2項で述べた光電子増倍管の前部に，X線を可視光に変換するシンチレーターを装着した装置である．いずれの検出器もX線を電流に変換して計数している．

比例計数管は低エネルギーのX線検出に適しており，シンチレーション検出器は高エネルギーのX線検出に適しているとされる．どちらの検出器もエネルギー分解能を有している．

半導体検出器は，半導体にX線が入射したときに電子と正孔の対が生成されることを利用している．

半導体検出器の概略を図4.19に示す．半導体検出器にX線光子が入射すると，電子e^-と正孔h^+の対が生ずる．生じる電子と正孔の対の数は，入射X線のエネルギーに比例する．

半導体検出器の利点は，比例計数管やシンチレーション計数管などと比べ，高いエネルギー分解能をもつことである．

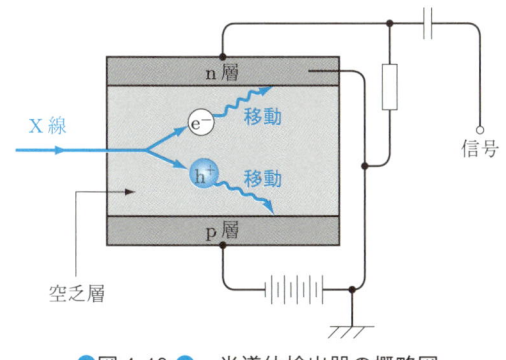

●図4.19● 半導体検出器の概略図

これらの検出器によって検出されたX線は計数回路を経て計測されるが，現在では計数回路はコンピューター化されている．

(d) X線計測における誤差

X線の検出にあたっては，『数え落とし』と『統計変動』に注意する必要がある．

数え落としとは，多数のX線が検出器に入射したときに，計数が実際に入射した値より小さくなる現象であり，X線検出器の不感時間に起因する．不感時間とは，X線の光子が検出器に入り，検出過程が開始され，次の光子の検出が可能になるまでの時間である．数μ秒以下であるが，単位時間内に多くの光子数を検出しなければならないときには問題となる．不感時間をτ，測定強度をI_dとすると，真の強度I_tは次のようになる．

$$I_t = \frac{I_d}{1-\tau I_d} \tag{4.18}$$

たとえば，τが5μsでI_dが10000 cps[*19]とすると，I_tは10526となり，約5％の光子が数えられていないことになる．そのため，強度の大きなX線の測定には注意が必要である．数え落としは，現在の装置では計測部で内部処理されている場合が多い．

統計変動とは，X線の検出に本来備わっている誤差である．X線は数多くの原子のうちの一部から発生するが，どの原子から発生するかは確率的に決定される．そのため，単位時間当たりに発生するX線量が変動し，誤差が生じるのである．計数値をNとしたとき，統計変動は$\sqrt{N}$である．すなわち，$N=100$であれば統計変動は10となるので，10％の誤差が含まれることになる．同様に$N=10000$であれば統計変動は100であり，誤差は1％となる．強度の弱いX線の測定は多くの誤差を伴うため，注意が必要であることがわかる．

4.2.4 応用：定性分析とICDD (JCPDS) カード

(a) X線回折法による定性分析

X線回折法による定性分析は，次の手順で行われる．

[*19] count per sec の略である．

① X線回折図形を測定し，回折角度を測定する．
② 角度から格子面間隔を計算する．
③ 既存のデータベース ICDD*[20]（JCPDS*[21]）から一致する物質を検索し，定性分析を行う．

次に，それぞれの適用例を示す．

① 回折X線図形の測定

回折X線とは，結晶によって回折されたX線である．図4.15にX線回折法によって石英 SiO_2 を測定した例を示した．回折角度が20°，26°，36°の付近をはじめ，7本のピークが観測される．これらのピークが回折X線である．

② 格子面間隔の計算

図4.15の測定に使用したX線管球は銅であるので，入射X線の波長は1.54178 Åである．回折角度と入射X線の波長から，ブラッグの式（4.2.1項参照）を用いて格子面間隔（d）を求める．各回折角度のピーク強度も同時に測定し，一覧表にする（表4.5参照）．回折強度は，最強の回折線強度を100として相対強度で表す．

■表4.5■ 回折X線の解析例

回折角度 2θ［°］	面間隔［Å］	相対強度	ICDDカード	
			面間隔［Å］	相対強度
20.69	4.2467	20	4.2550	16
26.67	3.3396	100	3.3455	100
36.60	2.4531	8	2.4569	9
39.52	2.2783	7	2.2815	8
40.30	2.2360	4	2.2361	4
42.50	2.1252	6	2.1277	6
45.81	1.9791	4	1.9799	4

③ ICDDカード

作成された表4.5は，既知の純物質のデータベースと比較される．最も充実したデータベースはInternational Centre for Diffraction Data（ICDD）

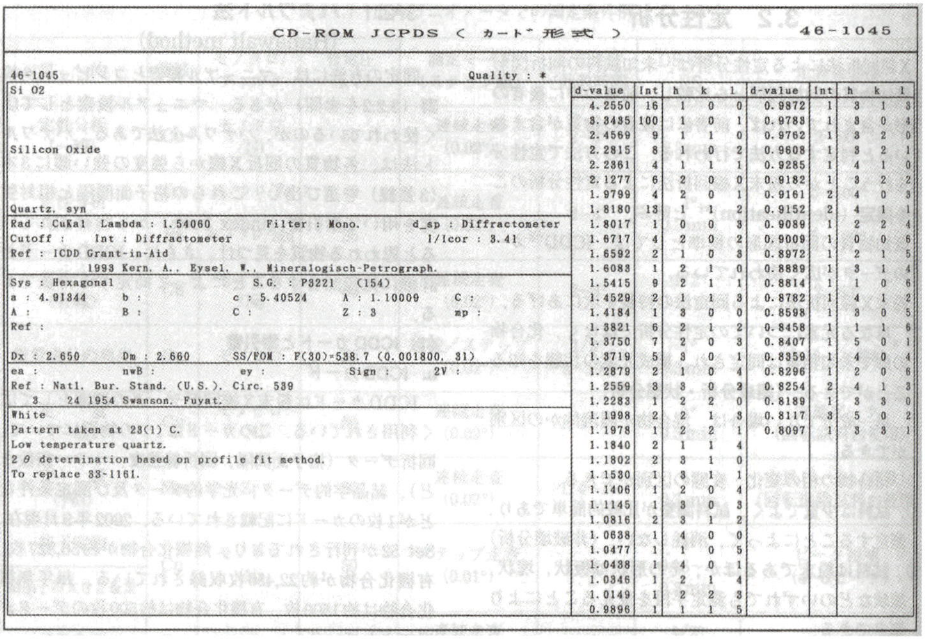
CD-ROM JCPDS ＜ カード形式 ＞ 46-1045

46-1045 Quality : *
Si O2
Silicon Oxide
Quartz, syn
Rad : CuKa1 Lambda : 1.54060 Filter : Mono. d_sp : Diffractometer
Cutoff : Int : Diffractometer I/Icor : 3.41
Ref : ICDD Grant-in-Aid
1993 Kern, A., Eysel, W., Mineralogisch-Petrograph.
Sys : Hexagonal S.G. : P3221 (154)
a : 4.91344 b : c : 5.40524 A : 1.10009 C :
A : B : C : Z : 3 mp :
Ref :
Dx : 2.650 Dm : 2.660 SS/FOM : F(30)=538.7 (0.001800, 31)
ea : nwB : ey : Sign : 2V :
Ref : Natl. Bur. Stand. (U.S.), Circ. 539
3 24 1954 Swanson, Fuyat.
White
Pattern taken at 23(1) C.
Low temperature quartz.
2 θ determination based on profile fit method.
To replace 33-1161.

d-value	Int	h	k	l	d-value	Int	h	k	l
4.2550	16	1	0	0	0.9872	1	3	1	3
3.3435	100	1	0	1	0.9783	1	3	0	4
2.4569	9	1	1	0	0.9762	1	3	2	0
2.2815	8	1	0	2	0.9608	1	3	2	1
2.2361	4	1	1	1	0.9285	1	4	1	0
2.1277	6	2	0	0	0.9182	1	3	2	2
1.9799	4	2	0	1	0.9161	2	4	0	3
1.8180	13	1	1	2	0.9152	2	4	1	1
1.8017	1	0	0	3	0.9089	1	2	2	4
1.6717	4	2	0	2	0.9009	1	0	0	6
1.6592	2	1	0	3	0.8972	1	2	1	5
1.6083	1	2	1	0	0.8889	1	3	1	4
1.5415	9	2	1	1	0.8814	1	1	0	6
1.4529	2	1	1	3	0.8782	1	4	1	2
1.4184	1	3	0	0	0.8598	1	3	0	5
1.3821	6	2	1	2	0.8458	1	1	1	6
1.3750	7	2	0	3	0.8407	1	5	0	1
1.3719	5	3	0	1	0.8359	1	4	0	4
1.2879	2	1	0	4	0.8296	1	2	0	6
1.2559	3	3	0	2	0.8254	2	4	1	3
1.2283	1	2	2	0	0.8189	1	3	3	0
1.1998	2	2	1	3	0.8117	3	5	0	2
1.1978	1	2	2	1	0.8097	1	3	3	1
1.1840	2	1	1	4					
1.1802	2	3	1	0					
1.1530	1	3	1	1					
1.1406	1	2	0	4					
1.1145	1	3	0	3					
1.0816	2	3	1	2					
1.0638	1	4	0	0					
1.0477	1	1	0	5					
1.0438	1	4	0	1					
1.0346	1	2	1	4					
1.0149	1	2	2	3					
0.9896	1	1	1	5					

●図4.20● 石英 SiO_2 のICDDカード

*20 international centre for diffraction data の略である．
*21 joint committee on powder diffraction standards の略である．

が作成しているPDF（powder diffraction file）である．このデータベース（**ICDD カード**）は，2008年現在，20万種類以上のデータが収められている．石英の例を図4.20に示す．

図4.20の左上段には化学式と化学名，右側には回折線の面間隔，相対強度，ミラー指数の一覧などのデータが示されている．

測定データとデータベースの比較は，現在ではほとんどの場合，コンピューターを用いて行われている．表4.5には，実際の測定値とICDDカードに記載されている値も示した．回折角度や相対強度がカード記載の値と異なるが，回折角度は試料の履歴の差異や装置の設定などにより異なることがある．したがって，検索を行う場合は回折角度の誤差を考慮する必要がある．回折X線の強度は，ホルダーへの試料の詰め方などのさまざまな要因によって変化し，測定法によって強度の順番が入れ替わってしまうこともあるため参考程度にとどめる．

(b) 定量分析

X線回折法を使った定量法は非破壊分析である．しかし，回折X線はある程度の試料量がないと検出されない[*22]ので，X線回折法による定量下限は高く，微量分析には向かない．

X線回折による定量分析では，回折X線強度が強いほど目的成分の存在量が多いことが基本であるが，式(4.17)に示したように，回折X線強度は共存する成分の質量吸収係数によって変化する（これをマトリックス効果という）ので単純ではない．

定量分析には，純物質との強度比からの定量，2成分系の回折X線相対強度を利用した検量線法，内標準法，標準添加法などが利用されているが，試料の質量吸収係数の変化のために濃度変化を小さく抑えなければならない．

粉末X線回折法独特の方法として，二酸化ケイ素SiO_2の分析例をあげる．二酸化ケイ素には，結晶形として，α-石英，クリストバライト，トリジマイトが存在する．いずれも化学組成はSiO_2で同一である．これらの物質が混合している場合，元素分析では，それぞれの存在割合を決定することができない．

しかし，粉末X線回折法では，図4.21に示すクリストバライトの回折図形と図4.15に示した石英の回折図形を比較すると，両者がまったく異なることがわかる．また，図4.15と図4.21から導かれた面間隔と強度の表4.5とクリストバライトの面間隔と強度の表4.6を比較すると明らかなように，α-石英とクリストバライトはまったく異なるので，α-石英とクリストバライトの混合物を調整して検量線とすれば，未知試料の濃度が測定

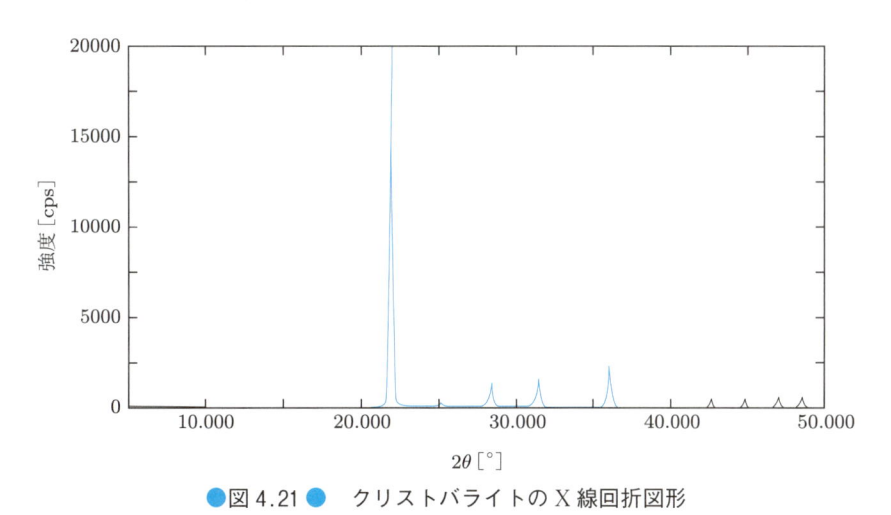

● 図4.21 ● クリストバライトのX線回折図形

[*22] 最低限，粉末試料の粒度を0.数〜数μmに揃え，さまざまな回折面が均等に測定されるように注意すべきである．

できる．

二酸化ケイ素と同じく，二酸化チタン TiO_2 にも，ルチルとアナターゼという異なる鉱物が存在するが，これらも粉末X線回折法で定量可能である．化学組成が同一である物質の結合状態の差を利用して分析することを状態分析というが，状態分析を実行できることも粉末X線回折法の利点である．

■表4.6■ クリストバライトの回折X線の解析

回折角度 2θ [°]	面間隔 [Å]	相対強度
21.97	4.0422	100
28.45	3.1346	8
31.44	2.8429	10
36.07	2.4879	15
36.37	2.4681	5
42.66	2.1176	3
44.86	2.0187	3
47.06	1.9294	4
48.63	1.8707	5

4.3 蛍光X線分析法

X線回折法では，ある波長のX線を試料に照射し，回折する同じ波長のX線を測定して結晶構造について知見を得た．本節で扱う蛍光X線分析法は，結晶構造ではなく，X線を使って試料の組成を明らかにする方法である．

4.3.1 蛍光X線の原理

蛍光X線の発生機構は，図4.3において電子をX線に置き換えたものと同じである．試料に電子ではなくX線を照射しても，構成元素に基づく固有X線が発生する．発生の概念図を図4.22に示す．4.1.2項では，X線管球内で高速電子が対陰極に衝突したときにX線が発生することを述べたが，試料に含まれる構成元素の吸収端よりも高エネルギーのX線を照射したときも，固有X線が発生する．

図4.22は，左側のX線管から発生したX線が試料中の原子の1s軌道の電子を弾き飛ばし，蛍光X線が発生する様子を描いている．まず，X線により試料中の原子の電子を弾き飛ばす．すると軌道には空白ができる．生じた空白を埋めるために，より高いエネルギー状態にある軌道の電子が遷移する．このとき，軌道エネルギー差に等しいエネルギーの蛍光X線が発せられる．蛍光X線のエネルギーは原子に固有であるため，蛍光X線の波長から試料を構成している元素についての知見が得られ，蛍光X線強度から構成元素の濃度についての知見が得られる．したがって，蛍光X線を測定すれば，試料の定性分析と定量分析ができる．

蛍光X線分析法は，X線管から発せられるX線を試料に照射するため，試料の広い領域における平均的な元素組成の分析が可能である．また，X線分析法は測定試料を溶解する必要がないため，対象物をそのままの状態で測定できる非破壊分析に利用されている．

4.3.2 蛍光X線測定装置

蛍光X線測定装置の概略図を図4.23に示す．同図（a）は波長分散型であり，蛍光X線用のX線管を含むX線発生装置，試料ホルダー，分光結晶部，X線検出器からなる．同図（b）はエネ

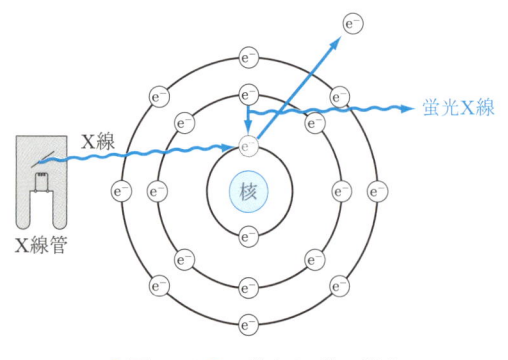

●図4.22● 蛍光X線の発生

(a) 波長分散型

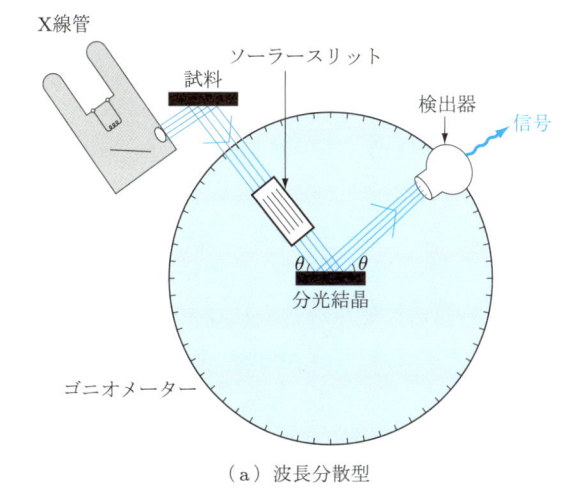

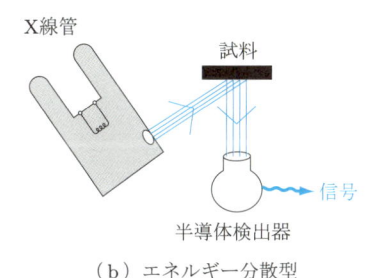

(b) エネルギー分散型

●図4.23● 蛍光X線装置の概略図

■表4.7■ 蛍光X線分析で用いられる主な分光結晶

分光結晶	面間隔 2d [Å]	測定可能な最も軽い元素
フタル酸タリウム　TAP	25.7626	酸素 O
リン酸2水素アンモニウム ADP	10.648	マグネシウム Mg
エチレンジアミンジタータレイト　EDDT	8.808	アルミニウム Al
フッ化リチウム　LiF	4.027	カリウム K

ギー分散型であり，X線発生装置と半導体検出器からなる．

波長分散型蛍光X線装置は，基本的にはX線回折装置のX線管球の対陰極のある位置に試料を置き，試料にX線管球から発生するX線を照射しているとみなせる．

蛍光X線用のX線管球は強いX線を必要とするので，回折用の管球よりも頑丈に作られている．対陰極物質にはタングステンW，ロジウムRhなどが用いられている．

試料から発生した蛍光X線は，ソーラースリットを通過後，波長分散型装置ではゴニオメーター中心に設置された分光結晶で分光される．分光結晶には表4.7に示した単結晶が用いられ，測定する蛍光X線の波長によって選択される．分光はブラッグの式（4.2.1項参照）に基づいて行われる．式(4.8)において，分光結晶の格子面間隔dが既知でありθが測定されるので，蛍光X線の波長λが求まり，λから原子を特定できる．実際の測定にあたっては，蛍光X線のエネルギーと元素の対応表を利用して元素を特定する．K_α線の波長と元素の関係の一部は表4.1に示した．

分光結晶で分光された蛍光X線は，再びソーラースリットを通過後，検出器で強度が測定される．X線の検出には，X線回折と同じく，シンチレーション計数器や比例計数器が用いられる．

エネルギー分散型装置では，半導体検出器が用いられる．半導体検出器はエネルギー分解能をもっているため，分光結晶による分光が不要となり，直接蛍光X線を測定することができる．よって，ゴニオメーター部を省略できる利点がある．しかし，波長分散型ほどエネルギー分解能が高くないため定量精度がやや劣る．

4.3.3　定量分析

(a)　検量線法

試料の組成が似ている場合には，あらかじめ標準試料を作成し，標準試料の測定によって得られた蛍光X線の強度と実試料の蛍光X線強度を比較して濃度を決定する．試料の組成が異なる場合には，試料の組成に合わせた標準試料を作り，層別検量線を作成して定量を行う．

定量法には，絶対検量線法，標準添加法，内標準法がある．しかし，回折X線による分析法と同じく，マトリックス効果により蛍光X線の強度が変化するので注意が必要である[*23]．マトリックス効果の例を図4.24に示す．

直線Aは，試料以外のマトリックス成分の質量吸収係数が目的成分と等しいときに予想される

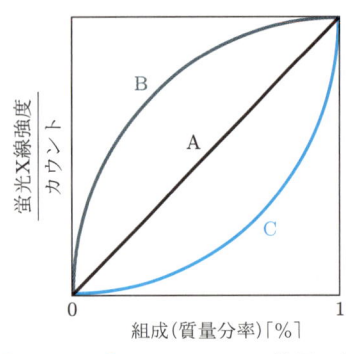

●図 4.24● マトリックス効果の例

目的成分の蛍光 X 線強度変化である．この場合，目的成分の濃度の増加とともに，蛍光 X 線強度は直線的に増加する．

曲線 B は，試料以外のマトリックス成分の質量吸収係数が目的成分よりも小さいときである．この場合，マトリックス成分の増加とともに試料の質量吸収係数が小さくなるので，試料による X 線の吸収が少なくなり，目的成分の蛍光 X 線強度は直線 A よりも大きくなる．

曲線 C は，曲線 B の場合と逆に，マトリックス成分の質量吸収係数が目的成分よりも大きい場合である．この場合，試料による X 線の吸収が大きいので蛍光 X 線強度は小さくなる．

このように，蛍光 X 線強度はマトリックスにより複雑に変化するので，蛍光 X 線分析で検量線を作成するときには注意が必要である．

(b) 溶融法（ガラスビード法）

マトリックス効果を少なくする方法として考え出されたのが，蛍光 X 線分析特有の方法である溶融法（ガラスビード法）である．これは，質量吸収係数の小さい物質で試料を融解し，蛍光 X 線を測定する手法である．融剤には，リチウムテトラボレイト $Li_2B_4O_4$，ナトリウムテトラボレイト $Na_2B_4O_4$ などが用いられ，試料の 10 倍程度の融剤で融解し，ガラス状の塊（ビード）を作成する．

ガラスビードは主成分が軽元素であり，質量吸収係数が小さい．試料が希釈されるため，試料の組成が変化しても質量吸収係数の変動が小さい．したがって，蛍光 X 線の強度が大きく，マトリックス効果の影響が小さくなる利点がある．

(c) ファンダメンタルパラメーター法

最近の蛍光 X 線分析装置には，ファンダメンタルパラメーター法（fundamental parameter method）[*24] とよばれる分析手段が装備されていることが多く，簡便に定量分析が可能となった．

蛍光 X 線強度は，理論的には構成元素の吸収端波長や質量吸収係数，蛍光 X 線への変換率などのパラメーターと構成元素の組成から計算可能である．多成分系試料から発生する蛍光 X 線の強度 I は式(4.16)で表されるが，書き換えれば次式のようになる．

$$I = w_i F_i(I_0, w_j) \qquad (4.18)$$

ここで，w_i は試料中の目的元素の濃度，$F_i(I_0, w_j)$ は X 線強度と重量分率を関係づける関数で，関数 $F_i(I_0, w_j)$ の計算には構成元素の吸収端波長，質量吸収係数，蛍光 X 線への変換率などのパラメーターが必要とされる．そのほか，$F_i(I_0, w_j)$ は入射 X 線強度 I_0 に依存し，共存する元素による目的元素の特性 X 線の吸収にも影響される．

また，共存元素から発生する X 線のエネルギーが目的元素の吸収端波長より短い場合には，共存元素による目的元素の励起の効果も考慮しなければならない．

ファンダメンタルパラメーター法では，蛍光 X 線の発生と吸収に関わるすべての事象を考慮し，試料の元素組成を計算することが必要である．実際の測定では，得られた蛍光 X 線スペクトルを基にコンピューターで成分と重量分率（w_j）を計算することになる．

[*23] マトリックスが異なると吸収係数が異なり，同じ濃度でも蛍光 X 線強度が異なる．したがって，検量線法はマトリックス組成のほぼ一定した試料中の少数成分の定量に用いられることが多い．
[*24] 「FP 法」と略されることもある．

Coffee Break

超大型X線発生装置

X線は通常,X線管で発生し,研究用や医療用として利用されている.

研究用として利用する場合,X線強度が強いほど測定時間が短縮でき,精度の高い分析が可能となる.現在のところ,X線の最も強い光源はシンクロトロン放射光とよばれている装置であり,通常のX線管の強度の数百~数千倍のX線強度が得られている.この装置を用いて,精密X線回折図形の測定や微量元素の定量が行われている.

最近では和歌山のヒ素入りカレー事件でこの装置の活躍が報道された.蛍光X線分析は非破壊分析であり,測定後のサンプルを手元に残すことができるため,刑事事件での証拠の鑑定には欠かせない.

演・習・問・題・4

4.1
モーズリーの法則について次の問いに答えよ.
(1) 表4.1を使って,図4.4を描け.
(2) 図4.4を使ってマンガンMnのK_α線の波長を求めよ.
(3) ある物質から発生するK_α線の波長を測定したところ1.165 Åであった.図4.4から原子番号を予測せよ.

4.2
ニッケル薄膜のX線吸収の測定を行った.次の問いに答えよ.
(1) 厚さ0.025 mmのニッケル薄膜を用いて,ある波長で透過X線を測定した.照射X線強度が10000 cpsであるとき,透過X線強度は2500 cpsであった.ニッケルNiの密度を$8.8\,\mathrm{g\,cm^{-3}}$とすると質量吸収係数はいくらか.
(2) ニッケルのX線波長が1.0 Åでの質量吸収係数は121である.厚さ0.025 mmのニッケル薄膜のX線透過率を求めよ.

4.3
次の問いに答えよ.ただし,アルミナAl_2O_3の密度は$3.99\,\mathrm{g\,cm^{-3}}$とする.
(1) 波長1.5 Åでのアルミナの質量吸収係数を求めよ.ただし,波長1.5 ÅでのアルミニウムAlと酸素Oの質量吸収係数は,それぞれ41.5と10.5である.
(2) 透過率が1%になるアルミナの厚さを求めよ.
(3) ブラッグ角が20°(2θ)であるとき,回折X線強度が入射X線強度の1%になる深さを求めよ.ただし,問題となる回折面ではすべてのX線が回折されるとする.

4.4
波長1.5418 ÅのX線を使い,ある物質のX線回折図形を測定したところ,次の角度(2θ)に回折線が観測された.面間隔を求めよ.
(1) 13.90°
(2) 21.79°
(3) 28.51°
(4) 35.45°

4.5
ある結晶は立方晶で,格子定数は24.61 Åである.次のミラー指数をもつ面の面間隔を計算せよ.
(1) 200
(2) 220
(3) 442

4.6
底面心格子では,原子が(0 0 0)と(1/2 1/2 0)に位置する.底面心格子のX線の反射強度とミラー指数の関係を示せ.

第5章
赤外線吸収スペクトル

分子内で原子は振動している．赤外線吸収法では原子の振動領域の測定を行っているため，スペクトルを解析することによって分子構造についての知見が得られる．赤外線吸収法は主に有機化合物分子に適用され，分子的構造を知ることに役立っている．また，赤外線吸収スペクトルは，気体・液体・固体，さらには溶液・フィルムなど状態を選ばない測定が可能である．

KEY WORD

赤外線吸収	IRスペクトル	双極子モーメント	フックの法則	伸縮振動
変角振動	指紋領域	レイリー散乱	ラマン散乱	分極率
対称伸縮振動	逆対称伸縮振動			

5.1 赤外線吸収スペクトル

赤外線吸収スペクトルは，気体，液体，固体を問わず，簡単・迅速に測定ができ，有機化合物を構成する官能基の特性吸収帯との比較で，未知試料の同定や構造解析によく用いられる．

5.1.1 赤外線吸収スペクトルの原理

本項では，赤外線（IR）吸収スペクトル（infrared absorption spectrum）を理解するうえで必要な事項について学ぶ．

(a) 赤外線

赤外線領域の電磁波を拡大表示したものが図5.1である．波長領域は可視光線とマイクロ波の中間で，波長 2.5 μm 以下の可視光線に近い部分を近赤外線，25 μm 以上の長波長部分を遠赤外線とよぶ．

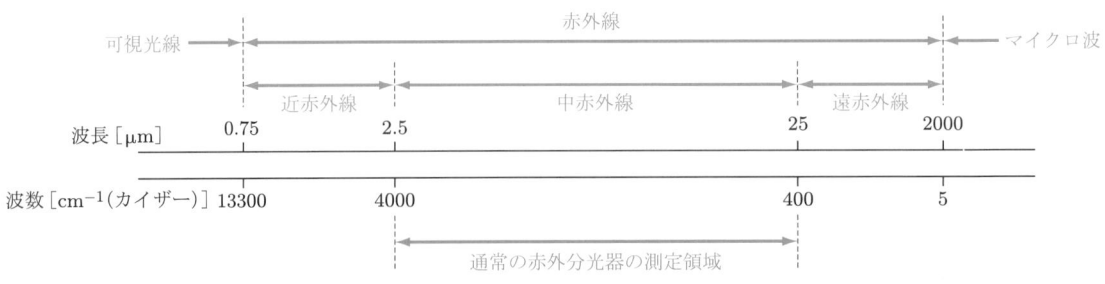

●図5.1● 波長と波数の関係および赤外分光器の測定領域

(b) 波数

波数（wave number）は波長の逆数であり，1 cm 当たりの波の数を表す．単位は［cm^{-1}］（カイザー：Kayzer）を使う．赤外線の種類の波長は波数で表すことが多い．波長と波数の関係は，式（5.1）に示すとおりである．

$$波数[cm^{-1}] = \frac{1}{波長[\mu m]} \times 10^4 \tag{5.1}$$

(c) IR スペクトル

IR スペクトルで測定されるエネルギー準位は，図2.1に示した振動準位に相当する．IR スペクトルでは回転準位も観測されるが，回転準位は振動準位よりもエネルギーの幅が小さく，振動準位の間に存在する．いずれも電子準位に比べてエネルギー準位の差が小さいため，赤外領域に吸収がある．装置は図5.2のようにコンパクトな大きさである．

●図5.2● 赤外分光光度計の一例

IR スペクトルでは，分子の双極子モーメント[*1] が変化する分子骨格の振動，回転に対応するエネルギー吸収が含まれるので次のことが可能である．

- 既知物質スペクトルとの比較で試料の同定ができる．
- 官能基の種類，多重結合の有無，シス−トランス異性[*2]，環の置換位置，水素結合・キレーション[*3]の有無などの分子構造の特徴がわかる．
- 純度の検定，混合物の分析など定量分析が可能である．

5.1.2 振動の位置と強度

分子は原子どうしが化学結合でつながれて構成されている．よって，分子の振動は図5.3のような重りをばねで結んだモデルで考えることができる．

●図5.3● 2原子分子を表す重りとばねの関係

フックの法則（Hooke's law）[*4] から，IR 吸収により生じるばねの振動数を波数 $\bar{\nu}$［cm^{-1}］で表すと，次式のようになる．

$$\bar{\nu} = \frac{1}{2\pi c}\sqrt{\frac{k}{\mu}} \tag{5.2}$$

ここで c は光速，k は結合の強さを表す『力の定数』[*5] で単位は dyne cm^{-1} である．μ は換算質量であり，次式で表される．

$$\mu = \frac{m_1 \times m_2}{m_1 + m_2} \tag{5.3}$$

式(5.2)に炭素と水素（C-H 結合）を当てはめると，次式のようになる．

$$\begin{aligned}\bar{\nu} &= \frac{1}{2\pi c}\sqrt{\frac{k}{\mu}} \\ &= \frac{1}{2\times 3.14\times 3.0\times 10^{10}}\sqrt{\frac{5.1\times 10^5}{0.923\times 1.67\times 10^{-24}}} \\ &\approx 3{,}050\ cm^{-1}\end{aligned} \tag{5.4}$$

実測値とほぼ一致する値が計算される．式(5.2)より結合が強くなったり（すなわち k が大

[*1] 原子間の結合電子雲の偏り（分極）により生じる変位ベクトル量（負→正の向き）．その大きさは，電荷の大きさと正負電荷間の距離との積に等しい．
[*2] 幾何異性体ともよばれる．配置異性体の一種である．
[*3] 配位原子と金属との錯化などを指す．
[*4] ばねなどにおいて，伸びなどの変形量が小さいとき，変形量と復元する力の間には比例関係が成り立つという法則である．
[*5] 各原子対の力の定数の値 ［$k/10^5$ dyne cm^{-1}］ は次のようになる．
C-C：4.5，C=C：9.6，C-O：5.0，C=O：12.1，C-H：5.1，O-H：7.7，C-N：5.8，N-H：6.4
単純に換算質量で考えると，C-H 結合は O-H 結合より高い波数になるはずであるが，実際はその逆である．その理由は，O-H 結合が大きな分極を示すため，力の定数 k が大きくなるためである．

きくなる），振動に関係する原子の質量が小さくなる（すなわちμが小さくなる）と結合の波数が大きくなることが定性的にわかる．

5.1.3 振動の種類（伸縮振動と変角振動）

分子の振動は，赤外線の吸収スペクトルとして観察され，基準となる振動は伸縮振動ν（stretching vibration）と変角振動δ（bending vibration）である．

簡単な分子でも多数の基準振動をもつため，分子の赤外吸収スペクトルは非常に複雑になる．たとえば，メチレン基（-CH$_2$-）を考えると，伸縮振動には図5.4（a）に示した対称振動ν_s（symmetry vibration）と逆対称振動ν_{as}（asymmetry vibration）があり，変角振動には，面内振動（inplane vibration）にはさみ（scissoring）と横ゆれ振動（rocking vibration）が，面外振動（out of plane vibration）にひねり（twisting）と縦ゆれ（wagging）の振動がある．図5.4（b）に変角振動の例を示す．

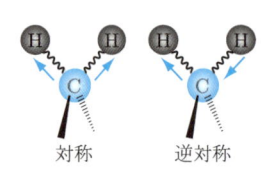

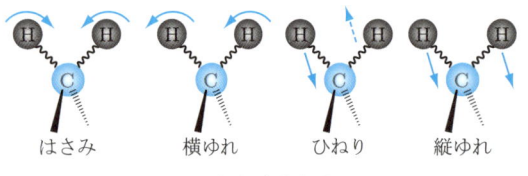

● 図5.4 ● 振動運動の例（メチレン基）

伸縮振動に対応するエネルギーは，変角振動のそれよりも大きく，伸縮振動は高波数側（4000〜1500 cm^{-1}）に，変角振動は低波数側（1500 cm^{-1}以下の指紋領域）に現れる．なお，『指紋領域』といわれる理由は，未知物質と既知物質のスペクトルの吸収パターンをこの領域で比較して同定ができることに由来している[*6]．低波数側の領域には，変角振動のほかに単結合の伸縮振動も重なるため複雑な吸収パターンとなる．

これらの基準振動のほかに，基準振動の波数のほぼ整数倍の位置に現れる倍音（over tone），二つ以上の基準振動の波数の和および差の位置に現れる結合音（combination tone），あるいは差音（difference tone）などの弱い吸収が観測されることがある．

赤外吸収スペクトルは，振動に伴って分子の双極子モーメントが変化する場合に観測される．

5.1.4 測定装置とスペクトル（FT-IR）

コンピューターの急速な普及とともに，近年の赤外分光器は分散型から干渉型にほぼ置きかわりつつある．

分散型分光器は，紫外‐可視分光計と原理はほぼ同じで，光を分散させて波長ごとに光の透過率を測定する．

一方，干渉型分光器は光の干渉現象を利用する．得られる干渉波は測定波長の吸収情報をすべて含み，フーリエ変換[*7]すると吸収スペクトルが得られるもので，実際には，これを透過率スペクトルに直している．この干渉型分光器による方法をフーリエ変換赤外分光法（FT-IR, fourier transform infrared spectroscopy）とよぶ．FT-IRは，これまでの分散型では必要であった分光が不要なため，エネルギー損失が少なく，測定時間の大幅な短縮と高感度分析が可能となった．図5.5にFT-IR分光器の概略図を示す．

スペクトルにおける吸収帯の強度は，透過率T，または吸光度Aで表される．有機化学では，強度を半定量的な言葉 vs（very strong），s（strong），m（medium），w（weak），vw（very weak），b（broad），v（variable），sh（sharp）で報告することがある．

[*6] C-H変角振動の特徴として，1460 cm^{-1}付近（逆対称）と1380 cm^{-1}付近（対称）の面内変角振動があるが，1380 cm^{-1}付近が分裂している場合は，分岐アルカンと判断できる．

[*7] いろいろな波数成分の混ざった干渉波を個々の波数成分に分離し，それらを再び，それぞれの波数位置，吸収強度に再構成し，吸収スペクトルを描き出す数学的手法である．

●図5.5● FT-IR分光器の概略図

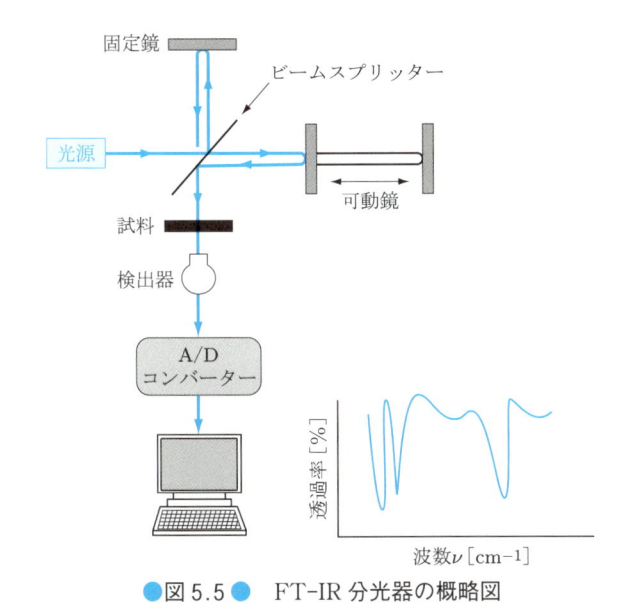

5.1.5 試料の調製と測定方法

FT-IRは高感度測定が可能なため、いろいろな付属品を使って多種多様な形態の試料について測定することができるが、次の四つの方法がよく用いられる．

(a) 液膜法

揮発性の低い液体試料（沸点（bp）80℃以上）の測定に用いられ，液体試料1～2滴を組み立てセル（液膜セル）の2枚の窓板ではさんで測定する方法である．セルの例を図5.6に示す．

液膜の厚さの調整にはスペーサー（テフロンシート，鉛板など）を使用する．また，揮発性の低い濃厚溶液の測定にも適している．この方法は操作が簡単なことから，最もよく利用される．

(b) 溶液法

液体（揮発性）や固体試料を溶媒に溶かし，固定セル（溶液セル）を用いて測定する方法である．セルの例を図5.7に示す．

溶媒は，クロロホルム $CHCl_3$，塩化メチレン CH_2Cl_2，二硫化炭素 CS_2 などが用いられる．しかし，溶媒自体にも吸収があるので，試料の吸収と重ならない溶媒の選択も重要である．また，固定セルは種々の厚さのスペーサーをあらかじめ挟んで組み立てられているため，測定ごとにセルを分解洗浄はせず，使用した溶媒を何回か出し入れして洗浄する．

●図5.6● 液膜セル

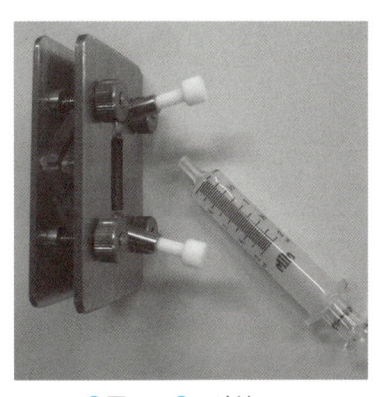

●図5.7● 溶液セル

(c) ヌジョール法（流動パラフィン法）

固体試料または結晶をめのう乳鉢で十分にすりつぶし，この中に流動パラフィン[*8]を1～2滴加えてペースト状にする．これを組み立てセルの2枚の窓板にはさんで測定する．ヌジョール法は簡易な方法で，固体試料の測定によく使用される．目的試料の吸収と流動パラフィンの吸収が重なるときは，ヘキサクロロブタジエン C_4Cl_6 を用いるとよい．

(d) KBr法

固体試料または結晶をめのう乳鉢で十分にすり

[*8] 流動パラフィンは，C－H結合に起因する吸収を，2900, 1460, 1380, 720 cm^{-1} 付近に示す．

つぶし，この中に少量の臭化カリウム KBr の粉末を入れて均質に混合し，錠剤成型器で加圧して透明な円盤（ディスク）を調製して測定する．臭化カリウムが使われる理由は，赤外領域に吸収がないためである．

通常の有機化合物なら，試料：臭化カリウム＝1：100 の比が適当である．臭化カリウムは吸湿性があるため，錠剤成型器で加圧する際に真空ポンプで減圧し，水分の吸収を避ける．臭化カリウム錠剤成型器とプレス機の例を図 5.8 に示す．

試料による種々の測定方法，器具，特徴などを表 5.1 にまとめた．

5.1.6　スペクトルの解析

測定スペクトルは，大まかに 4000〜2500, 2500〜1500, 1500〜400 cm^{-1} の領域に分けることができる．代表的な結合と，その伸縮振動波数をまとめると表 5.2 のようになる．

(a)　スペクトルの読み方

スペクトルチャートは，縦軸に透過率 T [％]，横軸に波数 ν [cm^{-1}] をとる．吸収位置は，図 5.9 に示すように透過率が最低値になる位置の波数で示す．

　　　　　(a)　錠剤成型器一式　　　　　(b)　錠剤成型用プレス機

● 図 5.8 ●　臭化カリウム錠剤成型器とプレス機の例

■ 表 5.1 ■　試料による測定方法，試料，測定器具，特徴

測定方法	試料	測定器具	特徴
液膜法	液体（沸点(bp) 80 ℃以上）粘性物質	組み立てセル（液膜セル）	簡易な定性分析法である．
溶液法	液体（低沸点），固体（溶液）	固定セル（溶液セル）	膜厚が一定なことから，定量分析にも応用可能である．
ヌジョール法	固体（粉砕）	組み立てセル	固体試料の簡易測定法である．
KBr 法	固体（粉砕）	錠剤成型器，セルホルダー	固体試料の標準測定法である．
フィルム法	高分子物質	組み立てセル	フィルムを作ることができる高分子性化合物に利用する．
反射法	薄膜	反射測定器	無機粉末材料などにも使用可能である．
ATR 法	薄膜，粉体	多重 ATR 測定器	透過法で測定できない布，皮，シートなどに使用可能である．
気体セル法	気体，液体（高揮発性）	気体セル	大気などの希薄気体測定に使用可能である．

■表5.2■　代表的な結合の種類とその伸縮振動波数

結合の種類	結合	化合物	波数領域 [cm^{-1}]
炭素C, 窒素N, 酸素O, 硫黄Sなどと水素Hとの伸縮振動	O-H	アルコール, フェノール	3500〜3700（遊離） 3200〜3500（水素結合）
		カルボン酸	2500〜3000（幅広）
	N-H	アミン	3200〜3600
	≡C-H	末端アルキン	3300（鋭い）
	=C-H	アルケン, 芳香族	3030〜3140
	C-H	アルカン	2850〜3000
	S-H	チオール	2550〜2600
二重結合	C=O	アルデヒド, ケトン, エステル, カルボン酸など	1650〜1780
	C=C	アルケン	1600〜1680
	C=N	イミン, オキシム	1500〜1650
三重結合	C≡N	ニトリル	2200〜2400
	C≡C	アルキン	2000〜2300

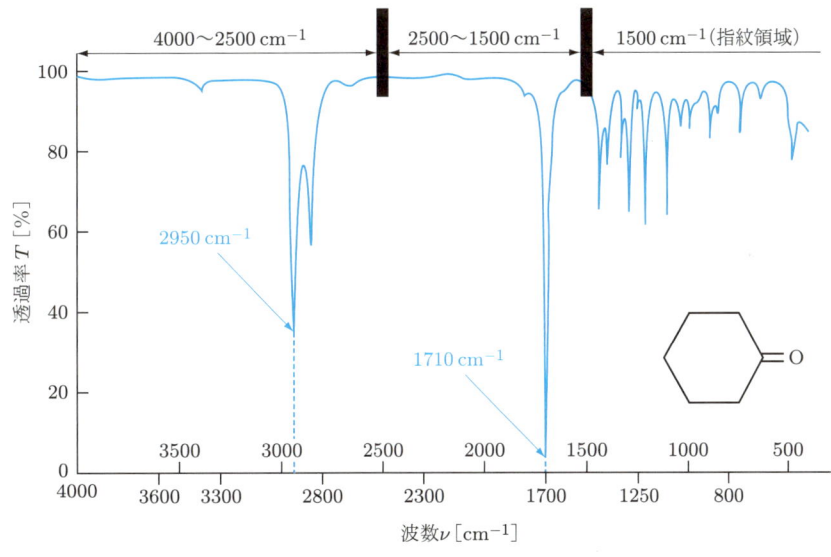

●図5.9●　赤外スペクトルチャートの例

(b) 吸収領域による解析

スペクトル解析は，高波数領域から順次，強い吸収，目的とする吸収の有無を確認し，データベースなどと比較しながら帰属を行う．ただし，同一物質でも測定条件（測定方法，試料の純度，濃度）によって吸収位置のずれが生じるので，帰属には種々の影響因子を考慮する必要がある．

一般的に，伸縮振動は変角振動よりも大きなエネルギーを必要とするので，吸収は高波数側になる．

① 4000〜2500 cm^{-1} 領域のスペクトル

この領域には，水素原子との結合（O-H, N-H, C-H）による吸収が現れる．ヒドロキシ基 -OH の伸縮振動は，水素結合の有無により吸収の形が変わる．分子間水素結合があるアルコールの場合は，図5.10にみられるように3400 cm^{-1}付近に幅広い吸収として観測される．一方，ヒドロキシ

基が単量体で存在する場合は，高波数シフトして 3600 cm^{-1} 付近に鋭い吸収が観測される[*9]．ヒドロキシ基単量体の高波数シフトは，**分子間水素結合**の消失と関係している．カルボン酸のヒドロキシ基は，水素結合し二量体として存在するため，3000 cm^{-1} 付近に幅広い吸収を与える[*10]．

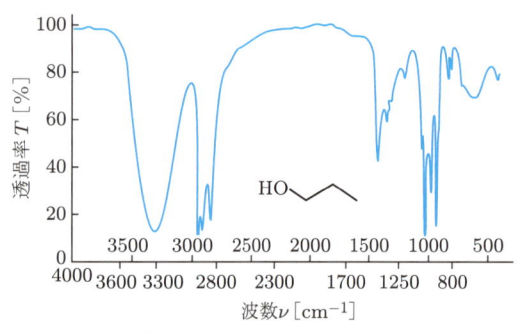

● 図 5.10 ● プロパノールの赤外スペクトル

アミン類の N-H 伸縮振動は，O-H 伸縮振動同様に 3000 cm^{-1} 以上に現れるが，アルコールとはその C-O 伸縮（1300〜1000 cm^{-1} の領域付近），カルボン酸とはその C=O 伸縮（1700 cm^{-1} 付近）で区別できる．また，双極子変化が少ない分，吸収強度も弱くなる．

C-H 伸縮振動は，3300〜2700 cm^{-1} の領域に現れる．末端アルキンのアセチレン性 C-H 吸収は 3300 cm^{-1} に鋭く現れることが特徴である．アルケンの C-H 吸収は 3000 cm^{-1} より少し高波数側に現れるが，その吸収強度は弱い．図 5.11 のようなアルカンの C-H 吸収は 3000 cm^{-1} 以下，すなわち 2950 cm^{-1} 付近に逆対称，2850 cm^{-1} 付近に対称伸縮の吸収が現れる．

② 2500〜1500 cm^{-1} 領域のスペクトル

図 5.12 に示したアルキンの三重結合は，2300〜2100 cm^{-1} の領域にそれぞれの伸縮振動による吸収を示し，多重結合の有無を確認できる[*11]．3300 cm^{-1} の吸収は，**末端アルキン**のアセチレン性 C-H 伸縮振動の特徴的な吸収である．

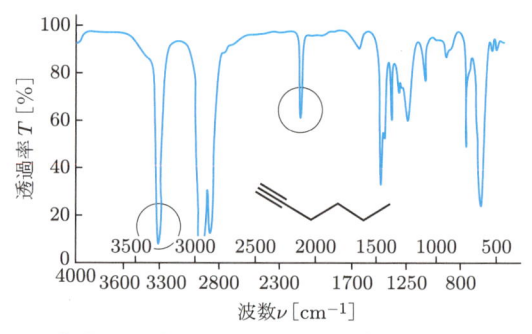

● 図 5.12 ● 1-ヘキシンの赤外スペクトル

エステルの IR スペクトルの例を図 5.13 に示す．カルボニル基 C=O の伸縮振動は，1700 cm^{-1} 付近に強い吸収として現れる[*12]．カルボニル基をもつ化合物の中では，カルボン酸の吸収が他よ

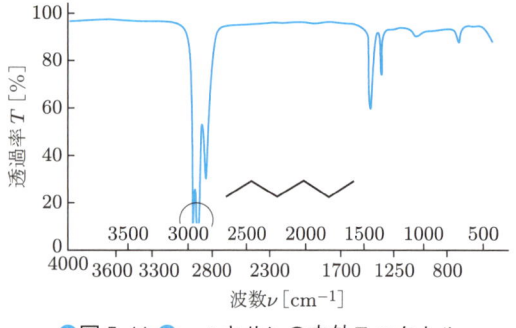

● 図 5.11 ● ヘキサンの赤外スペクトル

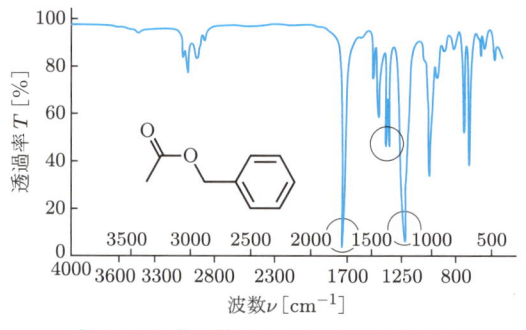

● 図 5.13 ● 酢酸ベンジルエステルの赤外スペクトル

[*9] アルコールやフェノール類は，O-H 伸縮振動のほかに，C-O 単結合による伸縮振動の吸収が 1300〜1000 cm^{-1} の領域にみられる．
[*10] カルボン酸は，O-H 伸縮振動のほかに，1700 cm^{-1} 付近のカルボニル基の吸収と 1300〜1000 cm^{-1} の領域の C-O 単結合の伸縮振動の吸収を伴う．
[*11] アルキンと似た場所に吸収を示す物質にニトリルがある．ニトリルの双極子変化はアルキンより大きく，吸収強度は大きくなる．そのほかの区別の方法は，3300 cm^{-1} のアセチレン性 C-H 吸収の有無である．
[*12] 1700 cm^{-1} 付近のカルボニル基の吸収のほかに，1300〜1000 cm^{-1} 領域に C-O 伸縮振動の吸収が 2 本みられる．

り強く，3000 cm^{-1} 付近の幅広い吸収とあわせて確認できる．また，カルボン酸誘導体のエステル，ケトン，アルデヒドは，それぞれ 1750～1730 cm^{-1}，1725～1705 cm^{-1}，1720～1700 cm^{-1} 付近に吸収を示す．

アルケンの吸収には，アルカンの吸収に二重結合の吸収である 1650 cm^{-1} 付近の吸収が加わる．その強度はカルボニル基などの二重結合の吸収に比べれば小さい．また，対称アルケン[*13] の吸収は非常に小さいが，カルボニル基と共役すると 1650 cm^{-1} 付近に強い吸収を示す[*14]．

③ 1500～400 cm^{-1} 領域（指紋領域）のスペクトル

これまで述べたように，1500 cm^{-1} 以上の吸収は各官能基を帰属するのに利用されたが，1500 cm^{-1} 以下の領域は，分子を構成する原子の変角振動と伸縮振動が重なった複雑な固有の吸収パターンとなり，多くの吸収は帰属不可能である．

①～③の領域において，構造の推定に有用な吸収をあげると次のようになる．

- カルボン酸の塩は 1600 cm^{-1} 付近と 1400 cm^{-1} 付近，ニトロ基は 1550 cm^{-1} 付近と 1350 cm^{-1} 付近に 2 本の伸縮振動の吸収がみられる．
- C-O，C-N，C-C 単結合による伸縮振動は 1300～1000 cm^{-1} の領域に現れ，とくに 1150 cm^{-1} 付近の C-O 伸縮振動の有無は，カルボニル基 C=O が一緒のエステル RCOOR′ とケトン R-CO-R′ の区別に役立つ．
- C-X 単結合（X はハロゲン原子）の伸縮振動はハロゲンの種類によって異なり，C-F が 1100 cm^{-1} 付近，C-Cl が 700 cm^{-1} 付近，C-Br が 600 cm^{-1} 付近，C-I が 550 cm^{-1} 付

近と周期が大きくなるにつれて弱くなり，低波数側にシフトする．

また，ベンゼン環は 900 cm^{-1} 以下に面外変角振動に対応する比較的強い吸収が観測され，表 5.3 からわかるように置換度や置換様式の判別に利用できる．

■表 5.3 ■ 置換ベンゼンの種類と吸収位置の関係

置換度	構造	吸収位置
一置換ベンゼン	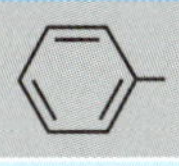 (単置換ベンゼン)	750 および 700 cm^{-1} 付近
二置換ベンゼン	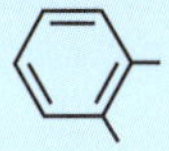 (オルト)	750 cm^{-1} 付近
	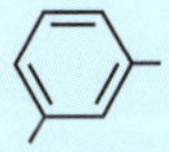 (メタ)	780 および 700 cm^{-1} 付近
	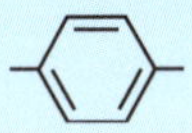 (パラ)	830 cm^{-1} 付近

5.1.7 吸収位置と強度に変化を及ぼす因子

これまで，いろいろな官能基や原子の結合に由来する吸収を，領域ごとに簡単に分けてみてきた．それぞれの吸収位置や強度は，種々の要因により微妙に変化する．代表的な要因を以下にまとめた．

(a) 水素結合

OH 結合の吸収は高波数側のわかりやすい場所に観測されるが，KBr 法や溶液法でも，高濃度の場合は水素結合の影響（非局在化）で幅広く低波数側にシフトする．たとえば，カルボン酸は 2 分子間で水素結合を形成し（図 5.14 参照），ヒドロ

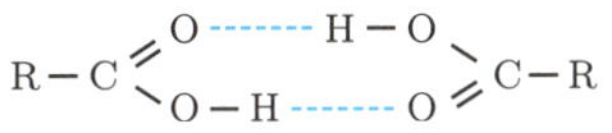

$$R-C\begin{matrix}O\cdots\cdots H-O\\O-H\cdots\cdots O\end{matrix}C-R$$

●図 5.14● カルボン酸の 2 分子間水素結合

[*13] 二重結合の両側に同じ官能基をもつアルケン．
例） H$_3$C\C=C/CH$_3$ H$_3$C\C=C/H
    H$_3$C/ \CH$_3$ H/ \CH$_3$

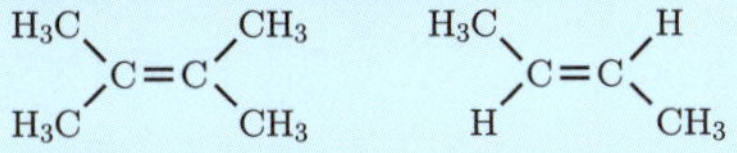

[*14] 酸アミドのカルボニル吸収は，1670 cm^{-1} 付近と他より低波数に観測される．これに加え，3000 cm^{-1} 以上の N-H 伸縮振動に関与する吸収で他と区別できる．3000 cm^{-1} 以上の吸収が 1 本なら CO-NH，2 本なら CO-NH$_2$ である．

キシ基 -OH による吸収は 3200〜2500 cm^{-1} まで低波数側に移動する．そして，カルボニル基の吸収もヒドロキシ基同様に影響を受け，エステルよりも低波数側（1715 cm^{-1} 付近）に現れる．

また，ジオール類，サリチルアルデヒド，β-ジケトンのように分子内で水素結合を形成する化合物もある（図5.15参照）．これらのヒドロキシ基の吸収も幅広くなり，ときには観測されない場合もある．そして，吸収位置も低波数側にずれる．

分子間水素結合と分子内水素結合の区別は，濃度を変化させて測定すれば判断できる．測定濃度を薄くすれば，分子間水素結合の影響は消えて単量体の吸収に変化する．

（a）サリチルアルデヒド　　（b）β-ジケトン

●図5.15● 分子内水素結合

(b) 共役

一般的に，図5.16に示す1,3-ブタジエンのような共役二重結合や，α,β-不飽和ケトン（エノン系）のようにカルボニル基と二重結合が共役した場合，二重結合性の低下により伸縮振動のエネルギーが小さくなり，低波数側に吸収位置がずれる．

このずれの大きさは，ケトン，アルデヒドで約 $-30\,cm^{-1}$ 程度である．

（a）ブタジエンの共鳴混成体

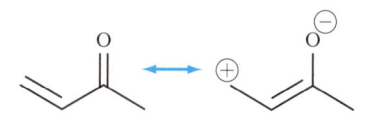

（b）α,β-不飽和ケトンの共鳴

●図5.16● 共鳴による二重結合性の低下

(c) 環状化合物のひずみ

カルボニル基が環上に位置する環状ケトン，ラクトン，ラクタムの場合，カルボニル基の吸収位置は環の大きさに左右される（図5.17参照）．環の大きさが六員環以上の場合は，鎖状化合物と同程度の位置に現れるが，環が五員環，四員環と小さくなるにつれて，環のひずみにより吸収は高波数側にずれる．

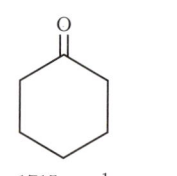

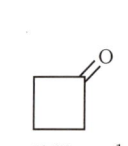

1715 cm^{-1}　　1745 cm^{-1}　　1780 cm^{-1}

（a）六員環ケトン　（b）五員環ケトン　（c）四員環ケトン

●図5.17● 環状化合物のひずみと吸収の関係

5.2 ラマン散乱

ラマン分光法では，分子から出る散乱光を元に，化合物の構造解析や定量分析ができる．ラマンスペクトルは，赤外線吸収スペクトルとは観測される振動に相違があるので，赤外線とラマン線は相補的に用いられる．

5.2.1 ラマン分光法

物質に光を当てると光は散乱するが，これをレイリー散乱（Rayleigh scattering）[*15]という．この散乱した光のスペクトルの中には，図5.18 (a)に示したような分子の振動に伴って，照射した光のスペクトルの近くに波長の違う弱いスペクトルがみられる（同図 (b) 参照）．この弱い散乱を，発見者[*16]の名前をとってラマン散乱という．レイリー振動数の長波長側のラマン線をストークス線（Stokes line）[*17]，短波長側のラマン線をアン

[*15] イギリスの物理学者 J. W. Strutt（Lord Rayleigh, 1842-1919）が提唱した．

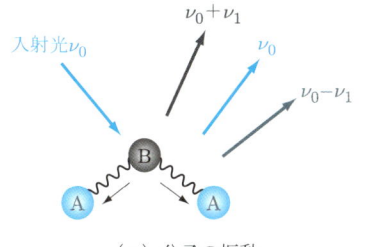

(a) 分子の振動

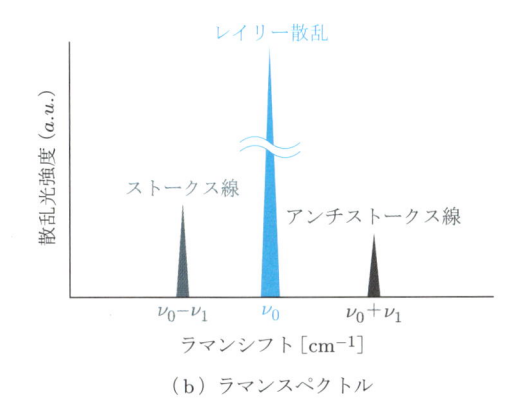

(b) ラマンスペクトル

●図 5.18● 分子の振動とラマン散乱の関係

に変化する電子雲[20]の大きさと考えてよい.

5.2.2 測定装置と測定方法

図 5.19 にラマン分光法の測定装置（ラマン分光光度計）の概略図を示す．ラマン散乱は，気体，液体，固体（結晶，非晶質）を問わず測定可能である．

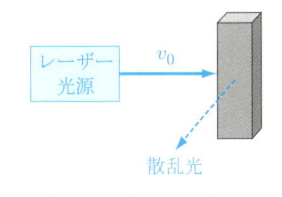

(a) ラマン散乱の発生原理図

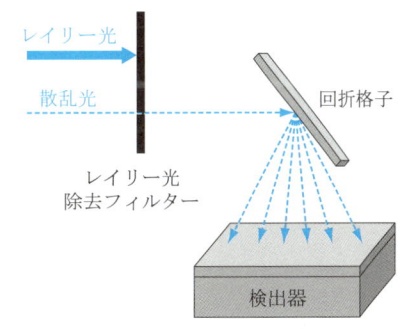

(b) 多波長同時測定の原理図

●図 5.19● ラマン分光光度計の概略図

チストークス線（anti-Stokes line）とよぶ.

ラマン分光光度計で得られるラマンスペクトル[18]は，分子の振動スペクトルである．なぜなら，得られるラマン散乱の散乱光と入射光の振動数の差が，試料の分子振動の振動数に等しいからである．ラマンスペクトルから得られる情報は，赤外線吸収スペクトル（IR）から得られる情報と似ているため，試料の分子構造情報（分子の形の対称性，結合の強さ，結合角など）を得ることができる．また，IR 測定[19]が不得意とする水溶液やポリマー，単結晶の測定にラマンスペクトルは威力を発揮し，相補的な関係にある．

しかし，IR の強度が双極子モーメントの変化に比例するのに対して，ラマン強度は分極率の変化に支配される．分極率とは，分子の電荷の偏りやすさを表す量であり，外から電場をかけたとき

(a) 光源

ラマンスペクトルの光源には，赤外光より波長の短い波長領域（可視光，または紫外・近赤外光）の非常に強い単色光が要求される．それまで用いられていた光源が抱えていた問題は，1960年代から導入されたレーザー光源で解決され，とくに測定に必要なサンプル量と測定時間の低減，および感度が格段に向上した．

(b) 検出器

ある決まった光の強度を出力するシングルチャ

---

[16] インドの物理学者チャンドラセカール・ラマン（C. V. Raman, 1888-1970）は，光の散乱に関する研究とラマン効果の発見で，アジア人初のノーベル物理学賞を 1930 年に受賞した．
[17] アイルランドの数学・物理学者 G. G. Stokes（1819-1903）が提唱した．
[18] ラマンスペクトルは，いろいろな表面分析にも利用される．それは，分子の振動エネルギーの違いが反映されるからである．
[19] IR 測定は，水自身の強い吸収と塩化ナトリウムセルの使用の問題があり，水の存在には注意を要する．
[20] 分子は原子の結合でできているが，原子は内部の原子核と外部の電子でできている．分子を外部から眺めると，分子は電子の雲のようにみえる．

ネル検出器としては，光電子増倍管が最も鋭敏である．多波長を同時に感知するものとして，フォトダイオードアレイ（PDA）があり，最近は，さらに感度を高める増幅器としてマイクロチャネルプレート（MCP）をつけたものがある．また，最近注目されている検出器に電荷結合素子（CCD, charge coupled device）とよばれる半導体を用いた検出器があり，小型化・高感度化を実現している．

(c) 試料セル

IRと違い，ラマン分光法では試料の純度が重要である．とくに，蛍光性の不純物の影響でラマン散乱がまったく得られないこともある．また，共鳴ラマン測定[*21]の場合は，吸収による試料の分解に注意が必要である．

液体試料は，キャピラリー法，円筒型セル法，回転セル法，ジェットフロー法などで測定する．固体（粉末）試料は，高圧をかけてディスク状にするか，粉末をめのう乳鉢ですりつぶして，透過法，反射法，回転板法などで測定する．

5.2.3 ラマン活性にかかわる振動

5.1.1項で説明したように，赤外線吸収は，分子振動により双極子モーメントが変化する場合に起こる．一方，ラマン散乱は，分子振動により分極率が変化しなければ生じない．図5.20に示すようなA-B-Aの3原子からなる振動を考えてみる．たとえば，対称中心をもつ分子の対称伸縮振動（同図(a)参照）では，双極子モーメントは変化しないが分極率は変化するので，赤外不活性かつラマン活性である．一方，逆対称伸縮振動（同図(b)参照）では，分極率は変化しないが双極子モーメントは変化するので，赤外活性かつラマン不活性となる．A-B-Aのような対称分子には，四つの基準振動があり[*22]，図5.20のほかには図5.21のような振動があるが，ラマン不活性である．以上をまとめると，分子が対称中心をもつとき，対称振動では赤外不活性かつラマン活性であり，逆対称振動では赤外活性かつラマン不活性となる．

最近のレーザー技術の発達と応用により，ラマン分光法も容易かつ迅速な測定が可能となってきた．ラマン分光法の特徴であるIR測定の弱点（水溶液の測定が可能なこと，極性がない，または弱い極性の結合，環の構造情報の取得）の補完だけでなく，共鳴ラマン法を利用した生体微量成分の同定や構造の解明，顕微ラマン法による局所構造の解析など，測定の幅はますます広がっている．

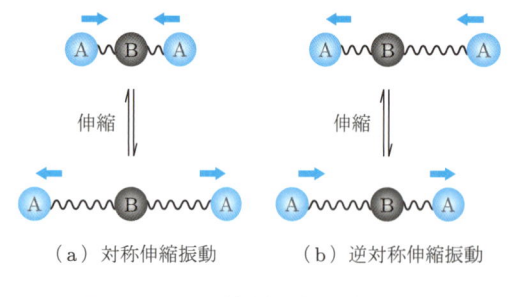

●図5.20● 対称振動と逆対称振動
(a) 対称伸縮振動　(b) 逆対称伸縮振動

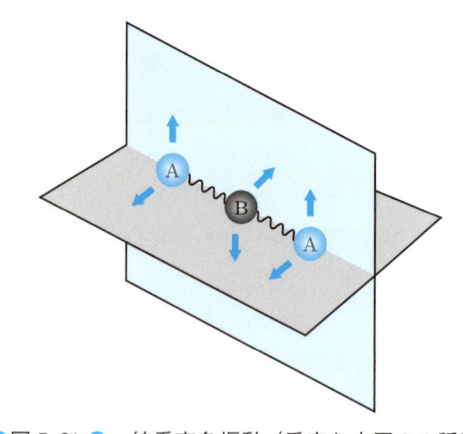

●図5.21● 縮重変角振動（垂直と水平の2種類）
・IR活性：　　　IR測定可能
・ラマン不活性：ラマン測定不可能

[*21] 共鳴ラマン測定とは，電子スペクトルにより分子に吸収される光を調べ，その光を使ってラマン散乱を測定する方法である．「共鳴」とは，「照射エネルギー＝分子のエネルギー」と設定することをいう．
[*22] N個の原子からなる直線分子には，$3N-5$個の基準振動が存在する．

Coffee Break

真偽鑑定

ラマン分光法は，測定物質を壊さずに分析ができる（非破壊分析）．測定サンプルの材質，時間による変質，処理方法に関する情報を与えることから，絵画や宝石の真偽鑑定，考古学的調査にも利用が可能である．鉱物などは，天然か合成かのほかに，含有物の定量から産地まで割り出すことができる．

しかし，そこまで知りたくない，調べてほしくないと考える人もいるかもしれない．

演・習・問・題・5

5.1
炭素三重結合，炭素二重結合，炭素単結合に代表される炭素原子間の結合の強度と赤外吸収の関係を説明せよ．

5.2
アルコール溶液は，濃度が高いときは 3500 cm^{-1} 付近に幅広い吸収を示すが，希釈して濃度が十分低くなると，強度は減少するものの，3600 cm^{-1} 付近に鋭い吸収を示すように変化する．その理由を説明せよ．

5.3
次の化合物の組において，それぞれの化合物を区別できる赤外吸収帯を示せ．

(a) プロピルエーテル と ブタノール

(b) シクロヘキサノン と シクロブタノン

(c) 1-ブチン と 2-ブチン

(d) ブタナール と ブタノン

(e) o-キシレン と m-キシレン と p-キシレン

5.4
o-ヒドロキシアセトフェノンは，ベンゼン環にヒドロキシ基とアセチル基をもつ化合物である．この化合物のカルボニル吸収は 1643 cm^{-1} にみられる．一方，アセトフェノンのカルボニル吸収は 1686 cm^{-1} にみられる．また，o-ヒドロキシアセトフェノンでは，このとき O-H 伸縮吸収は観測されない．この理由を，低波数シフトの理由とともに説明せよ．

5.5
二酸化炭素 CO_2 の振動を例にとり，双極子モーメント，分極率の変化と赤外，ラマンの活性，不活性の関係を説明せよ．

第6章
核磁気共鳴スペクトル

核磁気共鳴装置（NMR）は，炭素C，水素H，酸素O，窒素N，リンP，フッ素Fといった原子からなる有機化合物の構造解析に最も威力を発揮し，有機化合物の構造解析では中心的な役目を果たしている．とくに，分子の平面構造から立体的構造まで知ることができるため，薬品や農薬，高分子材料，生体物質の研究に利用されている．

KEY WORD

核磁気共鳴	核スピン	電磁波	外部磁場	分子構造
化学シフト	プロトン	^{13}C	積分強度	カップリング
化学交換	NOE効果			

6.1 核磁気共鳴スペクトル

核磁気共鳴装置は，簡単な有機化合物から複雑な天然物，生体関連物質の構造解析まで幅広く利用され，それらの物質の平面構造から立体構造までを明らかにすることができる．

6.1.1 はじめに

(a) ^{1}H-NMR（プロトンNMR）

物質を細かくみると，原子のつながりからできており，その原子は，さらに原子核と電子から構成されている．図6.1に示す核磁気共鳴装置（NMR, nuclear magnetic resonance）[*1]は，原子核が磁場の中で外部から照射されたラジオ波（60 MHz～1 GHz）によって共鳴現象を起こす性質を利用して，いろいろな有機化合物の分析を行う

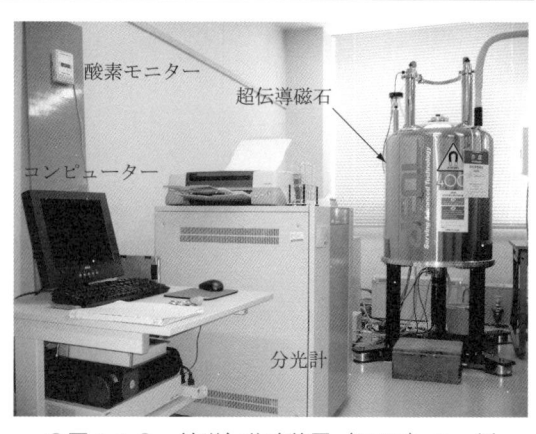

●図6.1● 核磁気共鳴装置（NMR）の一例

ものである．ここでは主に，^{1}H-NMR（プロトンNMR）について説明する．

[*1] 遺伝情報解析に続くポストゲノム研究には欠かせない装置となり，ライフサイエンス分野でも注目を集めている．

^{1}H-NMRスペクトルから，次のようなことがわかる．いずれも，分子の構造に関わる重要な情報である．

- 既知物質スペクトルとの比較で，試料の同定ができる．
- シグナルの数と化学シフトから分子内におけるプロトンの結合様式と種類がわかる．
- ピーク面積から各プロトン種の相対数がわかる．
- スピン-スピン結合のパターンから，各水素の種類，数，位置関係がわかる．

(b) ラジオ波

ラジオ波は，図6.2に示すように赤外線よりも長い波長の極めて低いエネルギーの電磁波である．磁場中で，磁気モーメントをもつ核にラジオ波を照射すると，核スピンの遷移を誘起する．

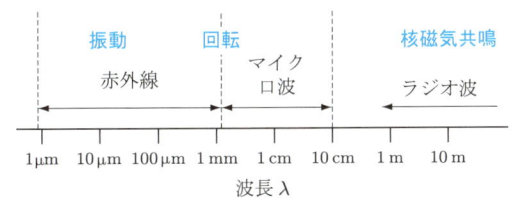

●図6.2● 電磁波スペクトルと分子に与える影響

6.1.2 磁気共鳴スペクトル

原子核は，一般に陽子と中性子から構成されるため，電荷をもってスピン運動をしている小さな磁石と考えられる．図6.3に最も単純で重要なプロトンの核スピンのイメージを示す．磁気モーメントをもつ原子を磁場の中に入れると，回っているコマに起こるような運動（歳差運動）が起こる．この運動と同じ周期の電磁波を外部から加えると，電磁波を吸収する．これが核磁気共鳴といわれる現象である．

スピンをもった原子核が磁場の中にないときは，図6.4（a）に示すように，核スピンは自由な方向

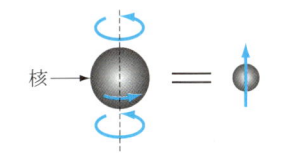

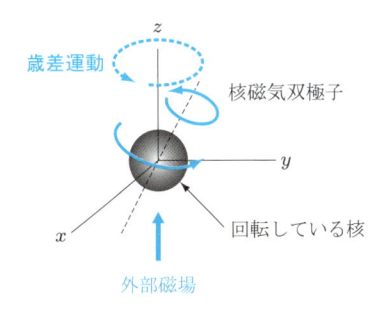

●図6.3● プロトンの核スピンと磁場内での歳差運動

を向いているが，磁場の中に入れると，同図（b）のように原子核（磁気モーメント）は磁場と同じ方向（低）または逆の方向（高）のいずれかに配向[*2]する．

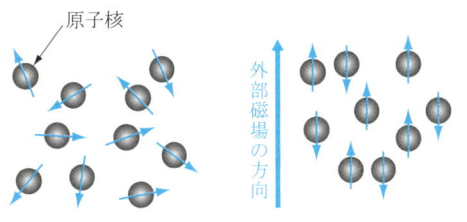

●図6.4● 磁場中でのスピンの配向

磁場中で配向している原子核のエネルギー状態を図6.5（a）に示す．磁場と同じ方向に配向した原子核は，逆方向に配向したものよりも，わずかであるが低いエネルギー状態となっている．

図6.5（a）の状態にある原子の集団に，エネルギー差に等しいエネルギーをもつ電磁波を外部から照射すると，図6.5（b）のように原子の遷移が起こり，電磁波が吸収される．縦緩和とは，90°パルスによってxy平面上に倒れた磁化ベクトルが，エネルギーを外部に放出して外部磁場と同じ

★2 向きをそろえてならぶこと．

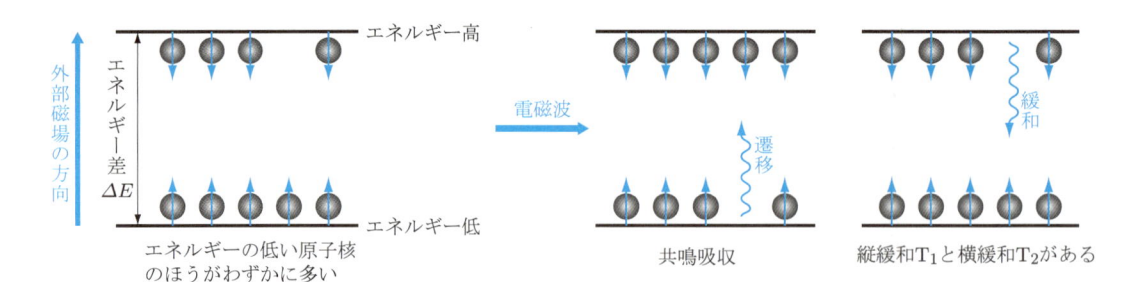

(a) 磁場中での各スピンのエネルギー状態（熱平衡状態）　　(b) 電磁波の照射による遷移と緩和現象

●図6.5● 外部磁場中での核のエネルギー状態と核スピンの配向

方向（平行）にもどる過程である．**横緩和**とは，90°パルスによってxy平面上に倒れ，その平面上で回転する磁化ベクトルが動きのずれからランダム化し，次第に磁化ベクトルが消失する過程である．吸収される電磁波の波長は，式(6.1)で与えられる．

$$\Delta E = h\nu = \frac{h\gamma H_0}{2\pi} \quad (6.1)$$

ここで，ΔE は遷移のエネルギー，h はプランク定数である．ν はラーモア周波数であり，電磁波の波長と考えてよい．また，γ は磁気回転比，H_0 は外部磁場の強さである．これらのパラメーターのうち，外部磁場は使用している磁石の磁場の強さなので実験条件によって決まる量である[*3]．磁気回転比は原子に固有の値であるため，外部磁場の強さが決まれば，原子の種類によって共鳴周波数は決まることになる．

核磁気共鳴できる核種の例を表6.1に示す．陽子数，中性子数がともに偶数の場合は，核スピンをもたないので核磁気共鳴現象は起こらない．それ以外の陽子，もしくは中性子のいずれかが奇数の場合は，核スピンをもつのでNMR測定が可能

である．

この性質をもつ原子核のうち，有機化学で重要なものは，^{1}H，^{13}C（炭素原子の非放射性同位体）核である．ここで，有機分子の構成原子として代表的な ^{12}C や ^{16}O が入っていないのは，陽子，中性子数がともに偶数であり，スピンをもたず（I=0），NMRシグナルを示さないからである．

6.1.3 測定装置のしくみと試料の調製

NMR装置は図6.1に示したように，磁石（超伝導型），分光計，コンピューターから構成され，共鳴ラジオ波の吸収の程度を検知するものである．ここで外部磁場を強く（大きく）すればするほど，ΔE の差は大きくなり感度もよくなる．そのために，より強力で安定な磁石が求められ，現在ではほとんど超伝導磁石が使用されている（図6.1の右端の装置である）．

最近のNMR装置は，パルスフーリエ変換型（FT-NMR）となっている．この装置は，発振器から発生したラジオ波をパルスにすることで化学シフト全域を共鳴させ，この過程を繰り返す操作（積算）を行い，信号を足していくことによって感度を向上させている．フーリエ変換は，信号が時間軸で得られるものを周波数軸に変換させる数学的な計算である（5.1.4項参照）．

6.1.4項で述べる化学シフトは，発振器周波数の数 ppm（parts per million，10^{-6}）程度のわずかな差しかないので，高感度で検出するためには，

■表6.1■ 核スピンとNMR活性

陽子数	質量数	核スピン (I)	例
偶数	偶数	0	^{12}C, ^{16}O
偶数	奇数	1/2, 3/2	^{13}C, ^{17}O
奇数	奇数	1/2, 3/2	^{1}H, ^{19}F

[*3] プロトンの共鳴周波数で核磁気共鳴装置の性能を表すことができる．周波数が高くなるほど強力な磁石を使用しているからである．

■表 6.2■ 主な重水素化溶媒の性質

溶媒	沸点 [℃]	融点 [℃]	δ (^{1}H) [ppm]	δ (^{13}C) [ppm]
アセトン-d_6	57	−94	2.05	206.7, 29.9
アセトニトリル-d_3	82	−45	1.95	118.7, 1.4
クロロホルム-d	62	−64	7.24	77.2
ベンゼン-d_6	80	5	7.16	128.4
重水-d_2	101	3.8	4.80	—
DMF-d_7	153	−61	8.01, 2.91, 2.74	163.2, 34.9, 29.8
DMSO-d_6	189	18	2.50	39.5
メタノール-d_4	65	−98	3.31	49.2
トルエン-d_8	111	−95	7.09, 7.00, 6.98, 2.09	137.9, 129.2, 128.3, 125.5, 20.4

極めて安定な発振器と磁石が必要となる．

試料の調製は，試料を重水素化溶媒に溶解し，外径 5 mm，長さ 180 mm 程度のガラスチューブに入れて専用のテフロン栓をする．重水素化溶媒を使用するのは，プロトンを含む溶媒で試料のスペクトルが溶媒の吸収に隠れて観測不能になるのを防ぐためと，FT-NMR 測定では D-ロック方式[*4]が用いられるためである．^{1}H，^{13}C 核とも同じ調製試料で測定することが多く，溶解性と値段の関係で重クロロホルム $CDCl_3$ が最もよく使用される．表 6.2 に主な重水素化溶媒の性質をまとめた．$δ_H$ と $δ_C$ の値は，テトラメチルシラン (TMS)[*5] の値（0.0 ppm）を基準としている[*6]．

6.1.4 化学シフト

実際の測定化合物においては，核のまわりに電子雲がある．電子も磁場の中で回転し，外部磁場と反対の磁場（誘起磁場）を作りだす．図 6.6 に示す核のまわりの電子による効果を遮へい (shielding) という．磁場中の核は，遮へい効果の影響で共鳴周波数が変化することになる．これは，核の周辺にある電子雲や隣接する核による化

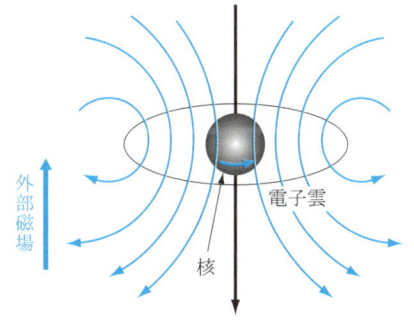

●図 6.6● 電子による核スピンの遮へい

学的環境により強度が異なるからであり，その強度の違いにより遮へいの度合いも異なる．ここで生じる共鳴周波数のずれを化学シフト (chemical shift) という．

遮へいにより生じる内部磁場の方向が，外部磁場の影響から遮へいされるとき，共鳴はその分だけ高磁場（スペクトルの右側）で起こる．共鳴周波数が高磁場（スペクトル右側）にシフトする効果を反磁性効果（磁気遮へいまたは，単に遮へい）といい，逆に低磁場（スペクトル左側）へシフトする効果を常磁性効果（非遮へい）という．化学シフトは，式(6.2)で表される．化学シフト

[*4] 溶媒の重水素 D を利用して，測定中の磁場と周波数の比を自動調整し一定に保つ方法である．
[*5] テトラメチルシランの構造

```
       CH₃
        |
H₃C — Si — CH₃
        |
       CH₃
```

[*6] 通常の ^{1}H-NMR では，内部標準物質 TMS の吸収位置を 0（ゼロ）として，そこからどれくらいのずれがあるかを δ（デルタ）ppm のオーダーで示している．

(δ) は 10^{-6} 程度の小さい値であり，本来は無単位であるが，ppm という表示が用いられる．

$$\delta = \frac{\text{基準物質の共鳴周波数からのずれ [Hz]}}{\text{装置の基準周波数 [MHz]}} \quad (6.2)$$

化学シフトに影響を与える因子には，核のまわりの電子雲の密度（反磁性効果），核以外の原子からの影響（磁気異方性[*7]，環電流効果[*8] などがあり，これらの総和が化学シフトの要因となる．^{1}H-NMR の場合は，ほとんどの化合物のシグナルは $\delta = 0 \sim 10$ の範囲に収まり，官能基と化学シフトの位置を図 6.7 のように大まかに分類できる．

個々の化合物においては，図 6.7 の化学シフト値の領域からずれることもあるが，ずれの方向と大きさには傾向があり，次に述べるような予測が可能である．

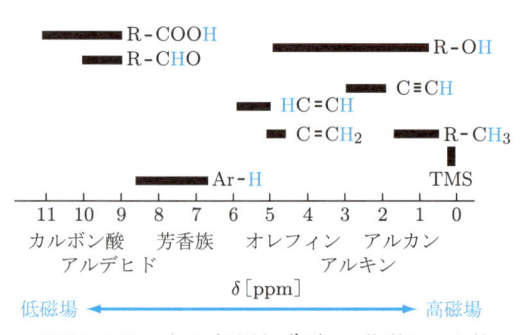

図 6.8 に，結合原子の電気陰性度と化学シフトの関係を示す．炭素 C に結合しているハロゲン原子の電気陰性度が大きくなると，炭素に結合している水素 H の電子密度が小さくなり，化学シフトが低磁場側（化学シフトの値が大きくなる方向）にシフトする．

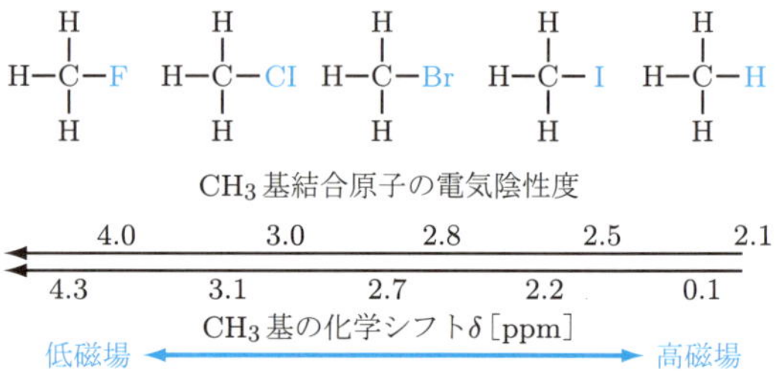

●図 6.8● 電気陰性度と化学シフトの関係

図 6.9 には，π 電子による遮へいの効果を示す．π 電子は，ベンゼン環の炭素上を回転しており，外部磁場に対して環に垂直な方向では外部磁場を遮へいするように，また環の横方向では遮へいしないようにはたらく．そのため，環に垂直な方向に存在する原子の化学シフトは高磁場側に，環の横方向の原子の化学シフトは低磁場側にシフトす

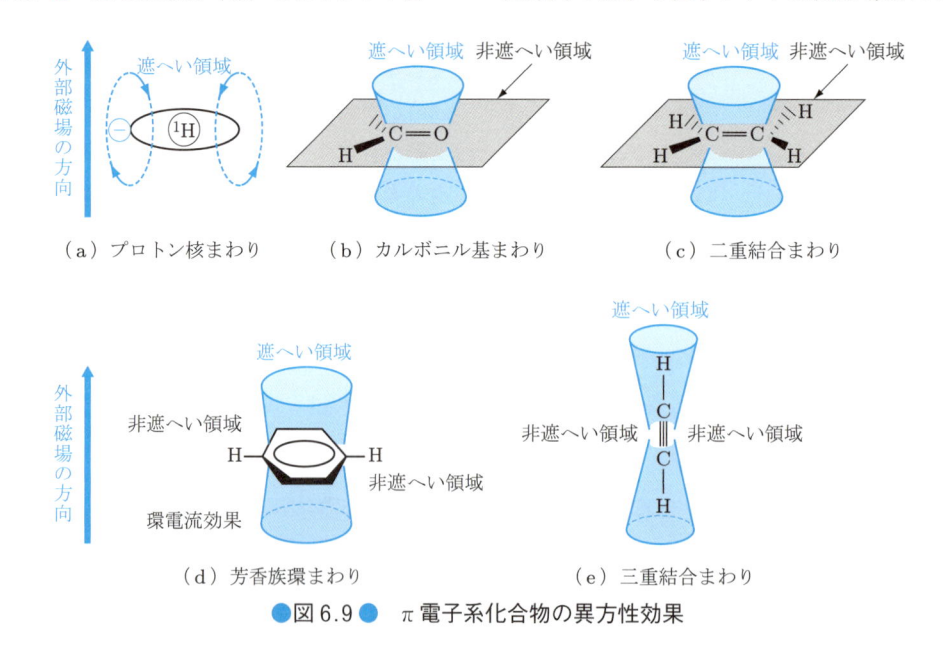

●図 6.7● 主な水素核（^{1}H）の化学シフト値

（a）プロトン核まわり　（b）カルボニル基まわり　（c）二重結合まわり

（d）芳香族環まわり　（e）三重結合まわり

●図 6.9● π 電子系化合物の異方性効果

[*7] 測定核近傍の π 電子雲も外部磁場により誘起磁場を生じ，化学シフトに影響を与える（磁気異方性効果）．
[*8] 芳香族環は電子雲が環状になっており，磁場中におくと誘起磁場が生じ，化学シフトに影響を与える（環電流効果）．

る．

これまでの説明をまとめると，次のようになる．

- 電子密度が高くなる効果
  → 高磁場シフト（δ 値は小さくなる）
- 電子密度が小さくなる効果
  → 低磁場シフト（δ 値は大きくなる）
- π 電子系（オレフィン，カルボニル基，芳香族環）*8 に対して，

  垂直方向の水素核 → 高磁場シフト
  同一平面上の水素核 → 低磁場シフト

水素結合がある場合は電子の非局在化が起こり，水素核まわりの電子密度を低下させるので，化学シフトは低磁場シフト（高周波数側シフト）する．

6.1.5 シグナル強度（積分曲線）

通常の測定スペクトルをみると，共鳴シグナルのほかに階段状の線スペクトルがあることに気づく．これは，積分曲線（intensity）といい，シグナルのないところでは平らで，シグナルのあるところでジャンプしている．この高さは，各シグナルの面積に比例しており，これから各シグナルに対応するプロトン数の比がわかる．

図 6.10 はエチルベンゼンの NMR スペクトルで，それぞれの共鳴シグナルに対応する積分値*9 の強度比は，低磁場側から 5：2：3 となり，それぞれの原子団中のプロトン数（フェニル基 C_6H_5：メチレン基 CH_2：メチル基 CH_3）に対応している．

6.1.6 シグナルの分裂：スピン-スピン結合

分子中で同じ環境にあるプロトンは等価であり，1 本のシグナルとして観測されるはずであるが，近くに影響を及ぼしあうプロトンがあると，シグナルは分裂して多重線となる．この分裂をスピン-スピン結合またはカップリング（coupling）という．相互作用する相手のスピン量子数を I とすると，分裂スペクトルの本数は n 個の核により $2nI+1$ 本となる．プロトンのスピン量子数は $I=1/2$ なので，隣接プロトンの数が n 個のときは，$2n(1/2)+1=n+1$ 本に分裂する．

エチルベンゼンのエチル基（$-CH_2-CH_3$）を例にとると，図 6.11 のように末端の $-CH_3$ 基は，隣の炭素に 2 個のプロトンが結合しているので，$(n+1)=2+1=3$ 本（三重線）に分裂する．また，$-CH_2-$ は隣に 3 個のプロトンが結合しているので，$(n+1)=3+1=4$ 本（四重線）に分裂する*10．

カップリングにより $n+1$ 本に分裂した各線の強度には一定の比があり，図 6.12 のようなパスカルの三角形（二項係数の比）に従う．

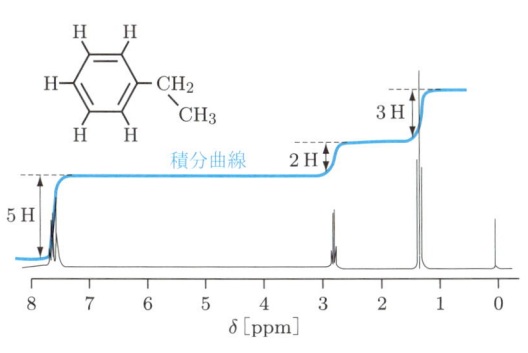

● 図 6.10 ● NMR スペクトルの積分曲線（エチルベンゼン）

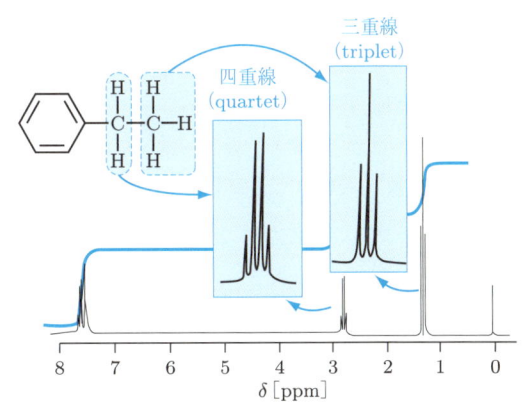

● 図 6.11 ● エチルベンゼン（エチル基）の分裂パターン

---

*9 積分値は相対値であり，対称分子の場合は実際のプロトン数とは一致しないので注意が必要である．たとえば，ジエチルエーテルはプロトン数は 10 だが，積分の相対値はエチル基の 2：3 となる．
*10 分裂パターン：二重線（d, doublet），三重線（t, triplet），四重線（q, quartet），多重線（m, multiplet）

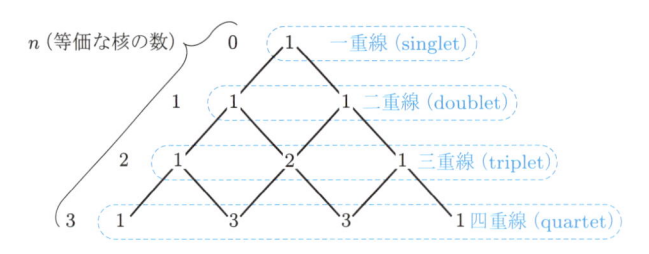

●図 6.12● パスカルの三角形（多重度[*11]とその強度比）

6.1.7 結合定数（カップリング定数）

カップリングにより分裂した各シグナルの間隔を**結合定数** J [*12] または**カップリング定数**（coupling constant）とよび，単位は Hz で表す．NMR のチャートから，J 値は式(6.3)を使って求める．

$$J\,[\text{Hz}] = 分裂線の間隔\,[\text{ppm}] \times 装置の周波数\,[\text{MHz}] \quad (6.3)$$

隣接炭素上にあるプロトン間の J 値は 6〜8 Hz と大きな値を示すが，結合を介して距離が遠くなるにつれ，小さな値（$J = 0〜1\,\text{Hz}$）になる[*14]．この J 値の特徴を利用して，幾何異性体（シス，トランス）やベンゼンの置換位置（オルト，メタ，パラ）を判別することも可能である．表 6.3 に代表的な分子構造と結合定数の関係をまとめた．

図 6.13 に示すエチル基のように互いに影響を及ぼしあっている分裂線の間隔（結合定数）は，すべて等しい．同じ試料を 60 MHz と 400 MHz の装置で測定した場合，化学シフトの値も J 値も同じであるが[*15]，スペクトル上の見かけの分裂線は違ってみえる．それは，図 6.14 の NMR 装置による基準周波数と δ 値との関係から明らかである．60 MHz では重なってみえたシグナルも，強磁場装置で測定すれば化学シフトを広げること

■表 6.3■ 代表的な分子構造と結合定数の値（J 値）[*13]

分子構造	J [Hz]
-C-C- H H	ビシナル水素 7〜8
H-C-H	ジェミナル水素 12〜20
-C-C-C- H H	遠隔水素 0〜1
H₂C=CH₂ (cis)	シス 7〜11
H-C=C-H (trans)	トランス 12〜18
ベンゼン環	オルト 6〜10 メタ 1〜3 パラ 0〜1

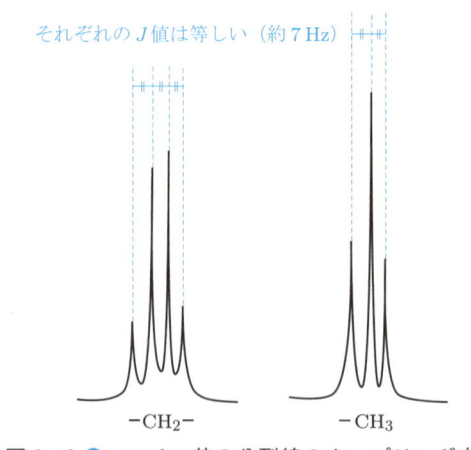

●図 6.13● エチル基の分裂線のカップリング定数
それぞれの J 値は等しい（約 7 Hz）

[*11] 隣接するプロトンとのカップリングによる分裂の度合いを示し，生じた分裂線を多重線という．
[*12] J 値の特徴：カップリングにより相互作用しているプロトン間の J 値は等しい．
[*13] ジェミナル水素の例としては，シクロヘキサン環（いす形配座）のアキシアル水素とエクアトリアル水素の場合がある．
[*14] 距離のほかに，角度や電気陰性度も影響を及ぼす．
[*15] J 値は操作周波数によらず一定である．

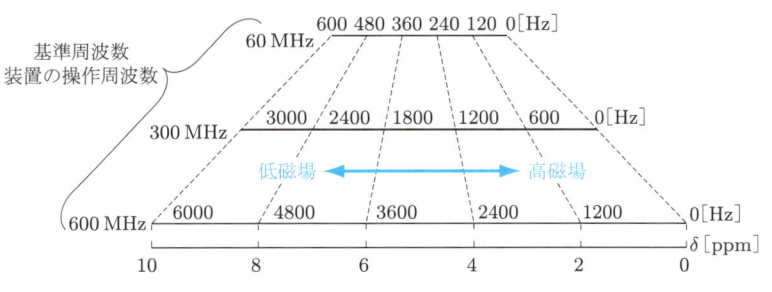

●図 6.14 ● NMR 装置による基準周波数と δ 値との関係

ができ，重なりのシグナルも分離して現れることになる．よって，スペクトルの解析は大きな周波数の装置，すなわち強い磁場のもとで測定したほうが，多重線の重なりが減るので容易になる[*16].

6.1.8 化学交換

化学的に交換可能な OH，NH，SH などのヘテロ元素[*17] についたプロトンは，化学シフトが一定しなかったり，ブロードニング（共鳴シグナルの幅が広がること）して，シグナルのカップリングを検出できないこともある．たとえば，OH や NH を含む化合物を重クロロホルムのような水と混ざらない溶媒に溶かし，重水（D_2O）を1滴たらすと，式(6.4)のような化学交換（chemical exchange）[*18] が起こり，プロトンのシグナルが消失する．

$$R-OH + D_2O \longrightarrow R-OD + HDO \quad (6.4)$$

この現象を不確定な OH や NH などのシグナル検出に逆に使うことも可能である．

化学交換の消失あるいは交換速度が十分遅くなれば，これらのプロトンもカップリングに寄与するようになる．その方法としては，低温測定，強磁場測定，重 DMSO などの非プロトン性重水素化溶媒の使用がある．

6.1.9 シューレリーの加成則

2種の置換基をもつ X-CH_2-Y 型の化合物では，X，Y の種類と化学シフトとの間に加成性が成り立ち，化合物の δ 値の概略値を式(6.5)により予測できる．これをシューレリーの加成則[*19] という．式(6.5)の A は遮へい定数で，表 6.4 に一部の置換基について与えられている値を示す．

$$\delta = 0.23 + A \quad (6.5)$$

たとえば，C_6H_5-CH_2-Cl のメチレン部の化学シフトを表 6.4 の遮へい定数を使って計算すると，

$$\delta = 0.23 + 1.85 + 2.53 = 4.61 \text{ [ppm]} \quad (6.6)$$

となり，実測値 4.55 ppm に近い値が得られる．

■表 6.4 ■ 化学シフト計算に利用される置換基の遮へい定数（A）値

置換基	遮へい定数	置換基	遮へい定数
-CH_3	0.47	-COR	1.70
-C_6H_5	1.85	-CO_2R	1.55
-CR=CR'R"	1.32	-OCOR	3.13
-OR	2.36	-CN	1.70
-OC_6H_5	3.23	-Cl	2.53

[*16] 強磁場装置の開発が続けられる要因として，感度の向上とシグナルの分離があげられる．
[*17] 有機化合物中に含まれる，炭素，水素以外を指す．
[*18] OH や NH などのプロトンと他のプロトン（溶媒など）が入れ替わることである．
[*19] バリアン社（アメリカ）の研究者 J. N. Shoolery が提唱した経験則．

6.2 核磁気共鳴スペクトル（炭素核：¹³C）

¹³C 核の測定には，全炭素の化学シフトと炭素骨格の情報が反映され，種々の測定方法や ¹H 核のデータを組み合わせることで，各炭素の結合状態や，大きな分子の複雑な立体構造も知ることができる．

6.2.1 ¹³C-NMR スペクトル

通常の炭素（¹²C）は核スピン量子数が 0 で磁性はないが，¹³C は ¹H と同じく核スピンが 1/2 で NMR が測定できる．しかし，¹³C の磁気能率は ¹H の約 1/4 と低く，相対感度はその 3 乗である 1/64 となる．さらに，¹³C の天然存在比は 1.1% しかないので，実際の絶対感度は，次のようになる．

$$1/64 \times 0.011 = 1.7 \times 10^{-4} \ (約 1/5800)$$

このような弱い感度にもかかわらず，強い磁場の使用とパルス-FT 法による効率のよいシグナル平均化により，¹³C 核の測定は現在，日常的なものになっている[20]．

¹³C-NMR の特徴は，有機化合物の分析において重要となる，¹H-NMR では直接観測できなかった炭素を含む官能基を観測でき，直接的な情報を得られることである．

また，¹H-NMR と大きく異なる点として，¹³C の天然存在比が小さいため，¹H でみられた同核の ¹³C-¹³C カップリング（6.1.6 項参照）が観測されないことがあげられる．異核の ¹H-¹³C カップリングは観測可能であるが，完全に消すことができるため，現れる ¹³C のシグナルは単純なスペクトルとなる．この測定法では，水素に照射したエネルギーが，NOE 効果（nuclear overhauser effect）[21]により炭素のシグナル強度を強くし，C＜CH＜CH₂＜CH₃ の順に強く現れる．そして，共鳴シグナルは一重線として現れ，炭素の広い化学シフト範囲のためにシグナルの重なりの心配はない．

したがって，得られたスペクトルから分子中の炭素の種類と数を知ることができる．ただし，この測定法は水素に共鳴電波を照射し，デカップリング[22]下で測定するため，NOE 効果により ¹³C シグナル強度が変化し，¹H-NMR のような積分強度は炭素の個数比を正しく表していないことに注意しなければならない．

6.2.2 ¹³C の化学シフト

¹H-NMR の化学シフト範囲は，通常 10 ppm 前後であるが，¹³C-NMR の化学シフトは，通常 220 ppm と広い．ここでも 0 ppm は TMS（テトラメチルシラン）の ¹³C 核の吸収を基準とする．¹³C の化学シフトは，その炭素についている水素の共鳴位置と相似しており，目安としてプロトンの化学シフトを約 20 倍することにより見積もることができる．

代表的な炭素核の化学シフトを図 6.15 に示す．ここでわかるように，ベンゼン環などのプロトンは約 7 ppm に現れるが，炭素はだいたい，その 20 倍の 140 ppm 付近に現れる．

さらに，プロトンの化学シフトにおいてみられた遮へい効果，電気陰性度や共鳴効果による化学シフトの議論は，¹³C の化学シフトにも適用できる．炭素の混成状態も ¹³C の化学シフトに影響を及ぼし，スペクトルは sp^3，sp^2，sp 混成に相当する範囲に分けて考えることができる．一般的には次のような傾向がある．

---

[20] 通常は 1 台の装置で ¹H-NMR や ¹³C-NMR が測定できるが，磁石の大きさ（単位 T；テスラ）と測定核による周波数の対応は，T：(¹H, ¹³C) MHz, 2.4T：(100, 25) MHz, 6.3T：(270, 68) MHz, 9.4T：(400, 100) MHz となる．

[21] ある核 A の近くの別の核 B がラジオ波の照射を受けて，核 A のシグナル強度が変化する現象である．これは，分子の立体構造を決定する際に有用である．なぜなら，この効果が相互作用する核間距離に依存するためである．

[22] ここでは，すべてのプロトンシグナルに強いパルスを照射して，そのシグナルを飽和させ，影響を消去する手法のことをいう．

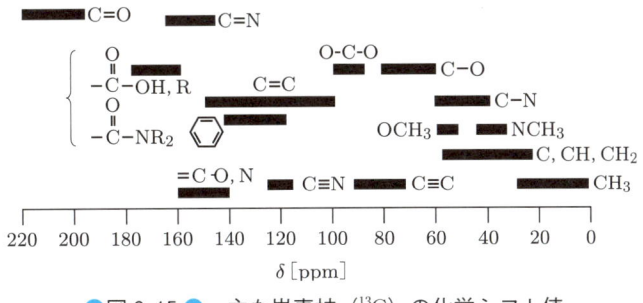

●図6.15● 主な炭素核（^{13}C）の化学シフト値

(a) sp^{3}炭素：

通常 0～50 ppm の領域に現れる．もし電気陰性度の高い置換基があると，90 ppm 程度までの領域に低磁場シフトする．

(b) sp^{2}炭素：

だいたい 100～160 ppm の領域に現れる．カルボニル炭素はより低磁場側（高周波数側）の 160～220 ppm の領域に現れる．ただし，同じカルボニル炭素でも，180 ppm を境にケトンやアルデヒドは 180 ppm 以上，酸，エステルやアミドは 180 ppm 以下に現れる．

(c) sp炭素：

80～120 ppm 前後の領域に現れる．アルキンやニトリル系の置換基であるが，頻出度は低い．

6.2.3 測定（測定方法と測定条件）

通常，測定は**プロトン完全デカップリング法**で行うが，この方法ではシグナル強度比やスピン結合関係の情報が得られない．そこで，C-H スピン系にラジオ波パルス[*23]を照射することにより ^{13}C 核の FID を測定する方法がいくつか提案されている．

(a) プロトン完全デカップリング法（COM, complete proton decoupling）

通常の ^{13}C-NMR 測定法において，C-H 間のすべてのプロトンにラジオ波を照射し，多重線のないシンプルなシグナルを得る方法であり，^{13}C-NMR の通常測定法といえる．しかし，NOE や緩和時間の差などにより，シグナル強度と ^{13}C 核の濃度に比例関係はなく，C-H 間の結合関係もわからない．

(b) オフレゾナンスデカップリング法（OFR, off-resonance decoupling）

プロトン核の照射パワーを小さくすることで ^{13}C-^{1}H 間のスピン-スピン相互作用を故意に残し，シグナルの分裂線から C と直接結合している H の数を知るための測定法である．C と直接結合している H の数が n のとき，シグナルは $n+1$ 本に分裂して現れる[*24]．

図6.16はアニソールの ^{13}C-NMR スペクトルであり，上段が COM 法，下段が OFR 法で測定したものである．COM 法では多重線のないシンプルなシグナルなのに対して，デカップルしていない下段の OFR 法のスペクトルは，高磁場側から C_1 が四重線，C_3，C_5，C_4 がそれぞれ二重線，C_2 は一重線で現れている．

(c) 重水素化溶媒の化学シフト値と分裂パターン

通常の装置は D-ロック方式なので，重水素化溶媒を使用する．^{1}H-NMR では重水素化溶媒自体は検出されないが，^{13}C-NMR では溶媒分子に含まれる炭素が表6.5のようにシグナルとして現れる．ここで，重水素 D の核スピン量子数は $I=1$ であり，水素の核スピン量子数 $I=1/2$ とは異な

[*23] ラジオ波領域の周波数をもつパルス状電波である．
[*24] 核スピン量子数 I の核（n 個）とその隣り合う核は，$2nI+1$ 本に分裂する．

(a) COM法

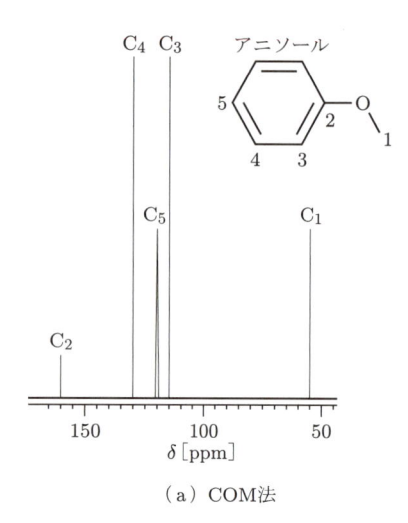

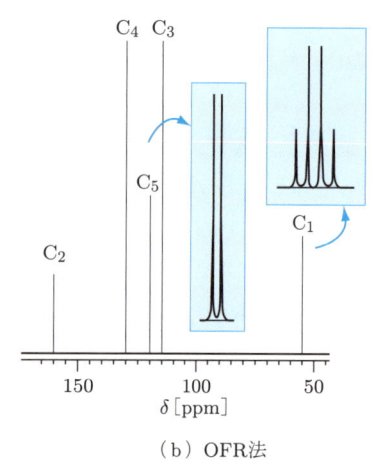

(b) OFR法

● 図 6.16 ● アニソールの ^{13}C-NMR スペクトル

る．よって，シグナル分裂の項でも記したように，重クロロホルム（$CDCl_3$, $n=1$）の炭素は，（重水素 D：$I=1$）$2+1=3$ 本に分裂して現れる．他の主な重水素化溶媒を表 6.5 にまとめた．

■表 6.5 ■ 重水素化溶媒（D 溶媒）の化学シフト値と分裂パターン

D 溶媒	化学シフト（δ）
重水素化クロロホルム $CDCl_3$	77（t）
重水素化メタノール CD_3OD	49（sept）[*25]
重水素化 DMSO（dimethyl sulfoxide）CD_3SOCD_3	40（sept）
重水素化ベンゼン C_6D_6	128（t）

Coffee Break

1 GHz（ギガヘルツ）!?

コンピューター関連用語を思い浮かべるかもしれないが，これはプロトンの核磁気共鳴周波数の値である．現在，日本の 930 MHz が最高の共鳴周波数である．日本はポストゲノム研究の最重要プロジェクトとして「タンパク 3000 プロジェクト」（2007 年 3 月終了）を実施した．タンパク質の立体構造・機能解析とこれを利用した新薬の創製を目指した研究が展開され，900 MHz NMR 2 台を含む 40 台の NMR 施設が威力を発揮した．

[*25] 7 本の分裂線がある．

演・習・問・題・6

6.1 ある有機化合物の ^{1}H-NMR を 60 MHz の装置で測定したとき，δ 2.0 ppm にピークが観測された．これを 400 MHz の装置で測定した場合，ピークはどこ（ppm）に現れるか予想せよ．

6.2 化合物（a），（b），（c）の ^{1}H-NMR スペクトルでは，何本の共鳴ピークが観測されるか．2 本以上のときは，その相対面積比も示せ．

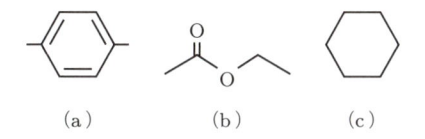

(a)　　(b)　　(c)

6.3 1-クロロプロパンの ^{1}H-NMR を測定すると，δ 1.03，1.80，3.51 ppm にピークが観測された．それぞれのシグナルを構造に帰属せよ．

6.4 ^{1}H-NMR の測定では，通常アルカンは 1 ppm 前後，アルケンは 5〜6 ppm 前後，そして，芳香族水素は 7〜8 ppm に現れる．これらの化学シフトの違いを説明せよ．

6.5 イソプロピルベンゼン（クメン）の低分解能 ^{1}H-NMR の分裂パターンを予測せよ．

6.6 1-クロロプロパンの ^{13}C-NMR スペクトルパターンを予測して説明せよ．

6.7 （2R, 3S）-2,3-ジブロモブタン（メソ体）と（2R, 3R）-2,3-ジブロモブタンの ^{1}H-NMR，^{13}C-NMR はそれぞれ同じとなるかどうか考察せよ．

第7章
質量分析法

高真空中で加熱され気化した分子に高エネルギーの電子を衝突させると，一部の分子はイオン化され，一部は破壊される．破壊された分子の一部もイオンとなる．これらのイオンを質量と電荷の比の大きさの順に分離する方法を質量分析法という．

質量スペクトルからは，化合物の分子量と分子構造についての情報が得られる．

KEY WORD

| 質量スペクトル | イオン化 | 開裂 | フラグメントイオン | m/z 比 |
| 分子構造 | 同位体イオン |

7.1 質量スペクトル

質量分析法は，一般的には『マス』と略してよばれ，第一に化合物の分子量が確定できる．そして，化合物の分子構造や部分構造，構成元素の種類や数を推定するために，種々のイオン化法が用いられる．

7.1.1 質量スペクトル測定の概要

高真空のもとで，加熱気化した分子 M に大きなエネルギーをもつ電子を衝突させると，図7.1のように分子 M 中の電子がたたき出され，カチオンラジカル（分子イオン（molecular ion），または親イオン（parent ion））が生じる．これを電子イオン化法（EI法：electron ionization）という．カチオンラジカルは，M$^{+\bullet}$ あるいは単に M$^+$

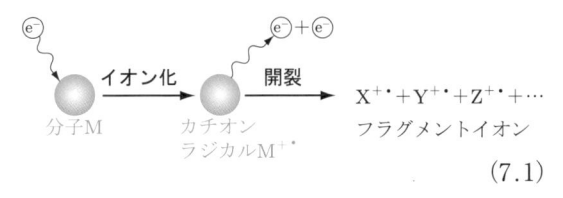

$$\text{分子M} \xrightarrow{\text{イオン化}} \text{カチオンラジカルM}^{+\bullet} \xrightarrow{\text{開裂}} X^{+\bullet}+Y^{+\bullet}+Z^{+\bullet}+\cdots \text{フラグメントイオン} \quad (7.1)$$

● 図7.1 ● 電子イオン化法による分子のイオン化と開裂の様子

で示す．

カチオンラジカルは，さらに開裂[*1]を起こしてフラグメントイオン（fragment ion）とよばれるいくつかのイオンを生じる．

これらのイオンを質量 m と電荷 z の比 m/z の大きさの順に分離し，記録する装置を質量分析計といい，得られたスペクトルを質量スペクトル

[*1] フラグメンテーション（fragmentation）ともいう．

（MS, MASS, mass spectrum）とよぶ．質量スペクトルの測定（MS測定）によって，次のようなことがわかる．

- 化合物の分子量がわかる：分子イオンの値は分子量である
- 分子構造が推定できる：フラグメントイオンによる帰属
- 化合物の同定ができる：リファレンススペクトルとの比較
- 構成元素の種類と数がわかる：同位体ピークの高さ

通常は，MS測定だけで化合物の構造を決定するのは難しく，赤外分光法，核磁気共鳴法，紫外可視分光法など，他の分析法による情報とあわせて解析することが多い[*2]．また，最近ではMS装置にガスクロマトグラフィー（GC, gas chromatography）や液体クロマトグラフィー（LC, liquid chromatography）で使用する分離装置を連結した便利な装置も実用化され，前処理なしに測定できるようになった．前者の装置をGC-MS，後者の装置をLC-MSという．

7.1.2　測定装置のしくみと試料の調製

質量分析計（MS, mass spectrometer）の概略を図7.2（a）に，また市販の装置の例を同図（b）に示す．図7.2（a）において，①は分子をイオン化するためのイオン化室，②は生成した分子イオンを電場あるいは磁場で質量別に分離するための質量分析部[*3]，③は分離したイオンを検出し，質量数を測定するためのイオン検出器，④はデータ処理と結果の出力を行うためのデータ処理・出力部（コンピューター）である．

1回の測定に必要な試料量は，固体であれば0.01〜0.1 g，液体であれば0.01〜0.1 μg程度で十分である．低揮発性の試料を直接導入する場合は高純度が要求されるが，試料導入部にガスクロマトグラフや液体クロマトグラフなどの分離装置が付属した装置であれば，混合物であっても測定が可能である．

7.1.3　イオン化と開裂

イオン化の方法は種々あるが，一般的な方法として**電子イオン化法**（EI法：electron ionization）や**化学イオン化法**（CI法：chemical ionization）がある．その他，**フィールド脱着法**（FD法：field desorption）や**高速原子衝突法**（FAB法：

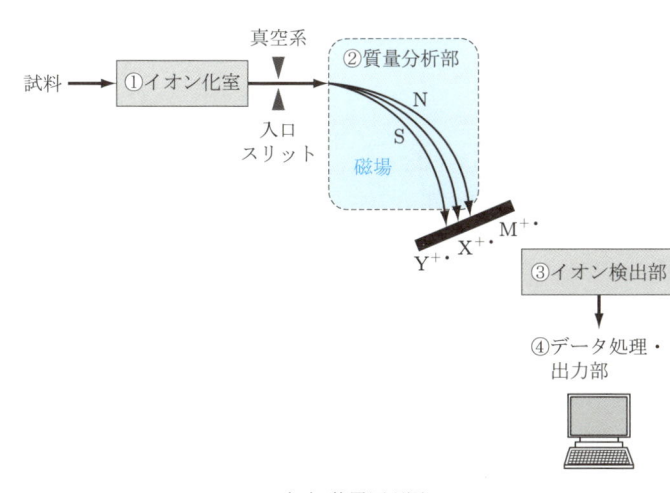

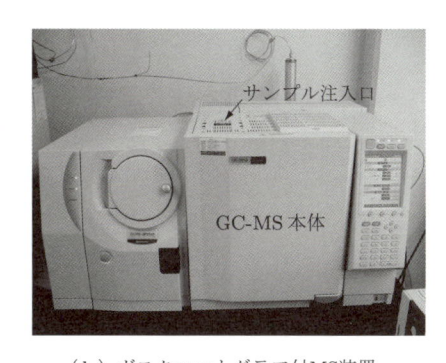

（a）装置原理図　　　　　　　　　　（b）ガスクロマトグラフ付MS装置
（島津製作所　GCMS-QP2010）

●図7.2●　質量分析計の原理図とガスクロマトグラフ付MS装置本体の一例

*2　参考：ミリMS（高分解能MS）を用いると，質量が1/1000の単位まで測定でき，分子の元素組成を決めることができる．
*3　磁場の影響で，質量の小さい（軽い）イオンから順に軌道が曲がる．

fast atom bombardment）などがソフトイオン化法[*4]として用いられる．主なイオン化法の特徴を表7.1にまとめた．

式(7.1)で示した電子イオン化法以外のイオン化の反応を図7.3に示す．

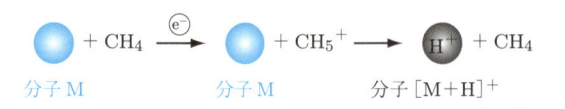

$$\text{分子 M} + CH_4 \xrightarrow{e^-} \text{分子 M} + CH_5^+ \longrightarrow \text{分子 [M+H]}^+ + CH_4 \quad (7.2)$$

（a）化学イオン化法(CI法)：試薬ガスがメタンCH_4の場合

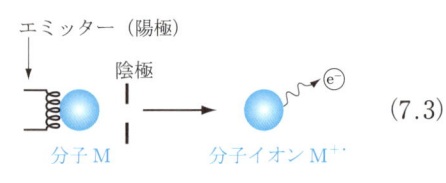

$$\text{分子 M} \xrightarrow{\text{エミッター（陽極）／陰極}} \text{分子イオン M}^{+\cdot} + e^- \quad (7.3)$$

（b）フィールド脱着法（FD法）

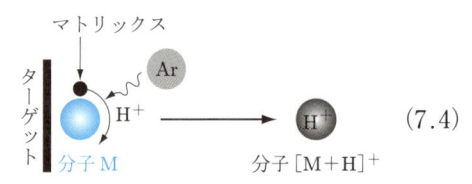

$$\text{分子 M} \xrightarrow{\text{マトリックス, Ar, H}^+} \text{分子 [M+H]}^+ \quad (7.4)$$

（c）高速原子衝突法（FAB法）

●図7.3● さまざまなイオン化法

図7.3（a）の化学イオン化法では，試料と同時にメタンなどの試薬ガスを導入し，生じる反応イオンと試料分子の衝突によって生ずるプロトン化分子[M+1]$^+$を測定する．同図（b）のフィールド脱着法では，試料分子を陽極に置き，直接イオン化する．同図（c）の高速原子衝突法では，試料に高速のアルゴン原子を衝突させ，試料が破壊されるときにできるイオンを測定する．

7.1.4 スペクトルの見方（チャートの見方とピークの種類）

開裂には一定の様式があり，ある分子イオン$M^{+\cdot}$の分解様式を知るには，分子内に存在する官能基を知ることが重要である．分子構造や官能基がわかれば，出現するフラグメントを予測でき，また，質量スペクトルのフラグメント解析をすれば分子構造が予測できる．

スペクトルに現れる主なピークは，図7.4のようになる[*7]．スペクトルの横軸は各m/zの値，縦軸は各ピークの相対検出強度である．

スペクトルに観測されるピークには，次のようなものがある．

■表7.1■ 主なイオン化法の原理とその特徴

イオン化法	原理	特徴
電子イオン化法（EI法）	試料分子（気化）の電子を電子流でたたき出し，イオン化する．	多数のフラグメントイオンが観測され，構造解析に役立つが，分子イオンが観測できない場合がある．
化学イオン化法（CI法）	試料と一緒に導入された試薬ガス（メタンCH_4，アンモニアNH_3など）から生成する特定のイオン[*5]と試料分子を反応させる．	イオンの開裂は最小限に抑えられ，通常[M+1]$^+$ピークが基準ピークとして観測される．EI法より感度が高く，シンプルなスペクトルになる．
フィールド脱着法（FD法）	エミッターに試料を塗布し，これを正電位に保ち，電界をかけてイオン化し，生成イオンとの正電荷反発を利用する．	揮発性の乏しい化合物に適し，分子励起なしにイオン化する．そのため，フラグメントピークが少なく，分子イオンピークの確認が容易である．
高速原子衝突法（FAB法）	ターゲットとよばれる試料面に，高速の中性原子（アルゴン Ar など）流を衝突させて，試料分子をイオン化する．	FD法でも測定できないような難揮発性試料の分析に用いられる．グリセリンなどのマトリックス[*6]に基づくピークも観測されるため，解析には注意が必要である．

[*4] ソフトイオン化法：分子イオンを得るためにおだやかな条件で分子をイオン化する方法のこと．
[*5] 化学イオン化法では，試料分子より先に試薬ガスがイオン化し，そのイオン分子反応により特定の反応イオンが生じる．メタンガスの場合は，CH_5^+, $C_2H_5^+$などが生成する．
[*6] マトリックスには，グリセリンのほか，3-ニトロベンジルアルコール，ジエタノールアミン，トリエタノールアミンなどがある．
[*7] イオン化の方法によっては，2価イオンピーク，転位ピークなどが観測されることがある．

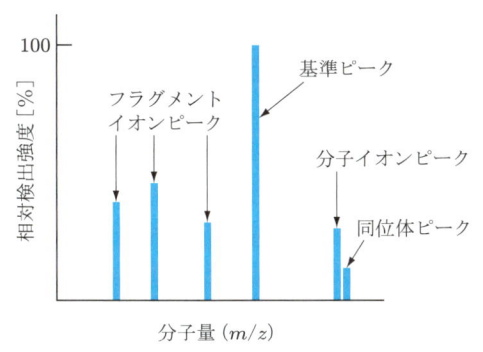

●図7.4● MSスペクトルに現れる主なピーク

(a) 分子イオンピーク

分子イオンピークとは，分子Mから電子1個がはじき出されて正電荷をもったカチオンラジカルで，試料の分子量を示す重要なピークである．しかし，アルコールやカルボン酸のように開裂を起こしやすい分子や，電子イオン化法のようなイオン化ではこのピークが出ないことがある[*8]．

(b) フラグメントイオンピーク

分子イオンは余分の内部エネルギーをもつため，連続して開裂が起こり，低質量のピークを与える．分子構造や官能基により開裂しやすい部位が優先的に断片化する．ここで得られる化合物の断片からなるイオンのピークをフラグメントイオンピークという．

(c) 基準ピーク

スペクトルの中で最も強いピークを基準ピークという．このようなピークは，最も起こりやすい結合の開裂から生じ，たいていの場合，弱い結合か安定なフラグメントが生じるように起こる．

(d) 同位体ピーク（アイソトープピーク）

同位体ピークとは，分子イオンピークや各フラグメントイオンピークの近傍に，1あるいは2質量単位ずれた場所に出るピークであり，炭素C，臭素Br，塩素Cl，硫黄S，ケイ素Siなどの元素に含まれる同位体に由来するピークである．

表7.2に，主な元素の同位体存在比を示す．

分子内にこれらの同位体を複数個もつ場合は特徴的なMSスペクトルを示し，含有元素数とピークの相対強度の関係は二項式 $(a+b)^n$ の展開項の係数比で表される．元素の数 n が1～3までの二項定理の展開の結果は次のようになる．

$n=1$, $(a+b)^1 = a+b$
$n=2$, $(a+b)^2 = a^2 + 2ab + b^2$
$n=3$, $(a+b)^3 = a^3 + 3a^2b + 3ab^2 + b^3$

たとえば，塩素の同位体 ^{35}Cl と ^{37}Cl のそれぞれの天然同位体存在比を上式に代入し，おおよそのピーク比（整数値）を出すと，

$n=1$, 75.76 : 24.24　およそ　3 : 1
$n=2$, 5740 : 3673 : 588　およそ　10 : 6 : 1
$n=3$, 434830 : 428473 : 133545 : 14243
　　　およそ　31 : 30 : 9 : 1

■表7.2■ 主な元素の同位体存在比

元素	同位体A	存在比[%]	同位体A+1	存在比[%]	同位体A+2	存在比[%]
水素H	^1H	99.99	^2H	0.01	—	—
炭素C	^{12}C	98.93	^{13}C	1.07	—	—
窒素N	^{14}N	99.64	^{15}N	0.36	—	—
酸素O	^{16}O	99.76	^{17}O	0.04	—	—
フッ素F	^{19}F	100	—	—	—	—
塩素Cl	^{35}Cl	75.76	—	—	^{37}Cl	24.24
臭素Br	^{79}Br	50.69	—	—	^{81}Br	49.31

[*8] 電子イオン化法では，分子イオンピークの安定性は，芳香族＞共役オレフィン＞脂環式化合物＞直鎖炭化水素＞ケトン＞アミン＞エステル＞エーテル＞カルボン酸＞分岐炭化水素＞アルコールの順になる．

となり，実測ピークパターンは図7.5となる．

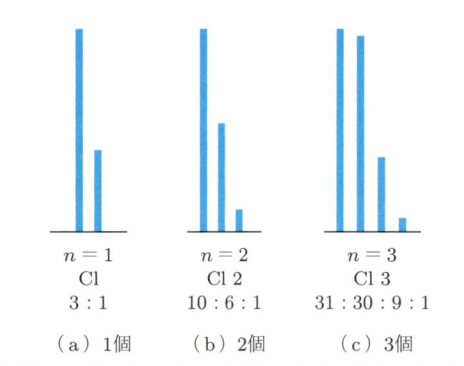

```
  n=1        n=2         n=3
  Cl         Cl 2        Cl 3
  3:1        10:6:1      31:30:9:1

 (a) 1個    (b) 2個      (c) 3個
```

● 図7.5 ● 塩素Clの個数による同位体ピークの強度比パターン*9

(e) 2価イオンピーク

イオン化室で1価になったイオンが，さらにもう1電子はじき出されて2価になったものである．$m/2$となるので，スペクトルには半分の質量ピークとして観測される．

(f) 転位ピーク

イオン化室で生じたイオンや分子が互いに衝突して新たに生成したイオンである．ここで生じた転位イオンのピークは同位体ピークとは異なり，強度は強く観測されるのが特徴である．

7.1.5 スペクトルの解析方法

MSスペクトルを用い，構造が未知の化合物を推定する手順は次のようになる．

① 分子イオンピークをみつける

通常，スペクトルの最も大きい質量ピークが$M^{+\bullet}$になるが，測定試料の構造や測定方法によっては，ピークが現れない場合や非常に弱い場合がある．そのため，測定や解析を行うときには，考えられるフラグメントパターンやルールに注意することが必要である．

② フラグメントイオンピークの開裂様式から，元の分子の構造を推定する

フラグメントイオンは，分子イオンの開裂か転位反応によるものである．分子イオンの質量数が偶数で，そのとき生じたフラグメントイオンが偶数ならば，それは転位イオンである．また，開裂様式を解析し，特徴的なフラグメントイオンから部分構造や分子構造を推定する．

③ 同位体イオンのピーク強度から元素組成を推定する

表7.2に示したように，ほとんどの元素には同位体が存在するので，元素の種類と数によって，それぞれ固有の大きさの同位体イオンピークを示す．この同位体イオンピークの強度は小さいが，大きなフラグメントイオンの分子量に1あるいは2を足したところに現れるのでわかりやすい．

7.1.6 開裂の様式

ここでは，EI法による開裂について説明する．一般的に，開裂が起きやすいのは次のような場合である*10．

- 結合が弱い（結合エネルギーが小さい）場合
- 安定なフラグメントイオンが生じる場合
  （第3級イオンと中性分子は安定であり*11，それらが生成する開裂は有利である）
- 安定な環状の遷移状態を経る場合
  （四員環水素移動，六員環水素移動）

結合の開裂には，大きく分けて次の二通りがある．結合上の●は電子を意味し，→は電子の移動，------線は結合の開裂場所を指している．

(a) 非等価的開裂

非等価的開裂（ヘテロリテック開裂：heterolytic cleavage）では，X原子とY原子間の2個の

---

*9 図7.5の塩素Clの数は，分子中に存在する数を表す．
*10 EI法では，分子イオンピークの安定性は，芳香族＞共役オレフィン＞脂環式化合物＞直鎖炭化水素＞ケトン＞アミン＞エステル＞エーテル＞カルボン酸＞分岐炭化水素＞アルコールの順になる．
*11 炭素陽イオンの安定性の順序は，第1級＜第2級＜第3級炭素である．

結合電子が開裂のあとで Y 原子側に移動してしまうため，X 原子側には結合電子が存在しない．その結果，フラグメントは陽イオン X^+ と陰イオン Y^- になる．

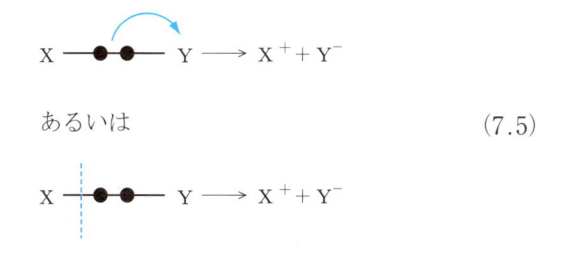

$$X\text{―}\bullet\bullet\text{―}Y \longrightarrow X^+ + Y^-$$

あるいは (7.5)

$$X\text{―}|\bullet\bullet\text{―}Y \longrightarrow X^+ + Y^-$$

(b) 等価的開裂

等価的開裂（ホモリテック開裂：homolytic cleavage）では，2 個の結合電子が均等に X 原子と Y 原子の 2 個の間に移動する．その結果，2 個のラジカル X・と Y・が生成する．

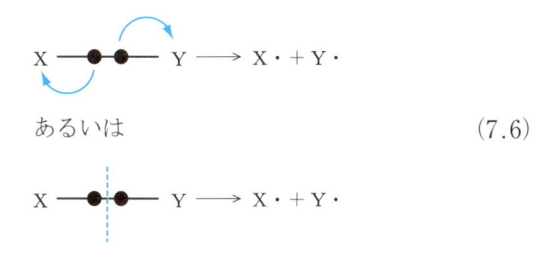

$$X\text{―}\bullet\bullet\text{―}Y \longrightarrow X\cdot + Y\cdot$$

あるいは (7.6)

$$X\text{―}\bullet|\bullet\text{―}Y \longrightarrow X\cdot + Y\cdot$$

ここで，X–Y 分子が安定な分子イオンであれば，いずれの開裂でもカチオンとラジカルを生成するように開裂する．

$$[X\text{―}\bullet\bullet\text{―}Y]^{+\bullet}$$
分子イオン
$$\longrightarrow X^+ + Y\cdot \text{ あるいは } X\cdot + Y^+ \quad (7.7)$$

7.1.7 官能基による開裂の様式

(a) 炭化水素

直鎖状の炭化水素において，分子イオン $M^{+\bullet}$ 以下のピークは，メチル基 CH_3– の開裂によるもの（$M^{+\bullet}-15$）と，それ以下に 14（CH_2）の間隔で規則的に現れるものがある．ピーク強度は（$M^{+\bullet}-15$）が一番小さく，メチレン基 $-CH_2$ が開裂してゆくにつれ，強度は大きくなる[*12]．一般的には，ピーク $m/z\ 43$（$C_3H_7^+$）が最も強く，これが基準ピークとなる[*13]．

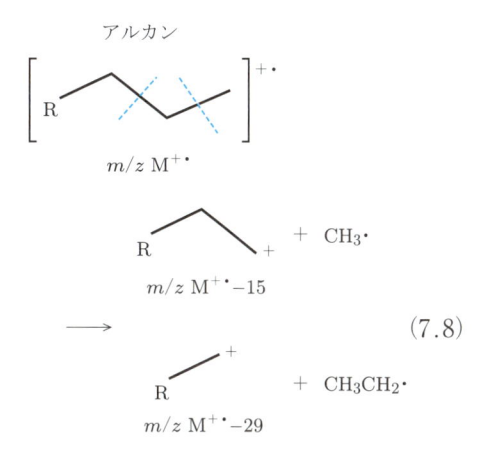

アルカン

$$\left[R\diagdown\diagup\diagdown\diagup \right]^{+\bullet}$$
$m/z\ M^{+\bullet}$

$R\diagdown\diagup\diagdown^+ + CH_3\cdot$
$m/z\ M^{+\bullet}-15$

$\longrightarrow$ (7.8)

$R\diagdown\diagup^+ + CH_3CH_2\cdot$
$m/z\ M^{+\bullet}-29$

分岐炭化水素は枝分かれの部分で開裂しやすく，枝分かれ基を含むフラグメントイオンピークが強く現れる．

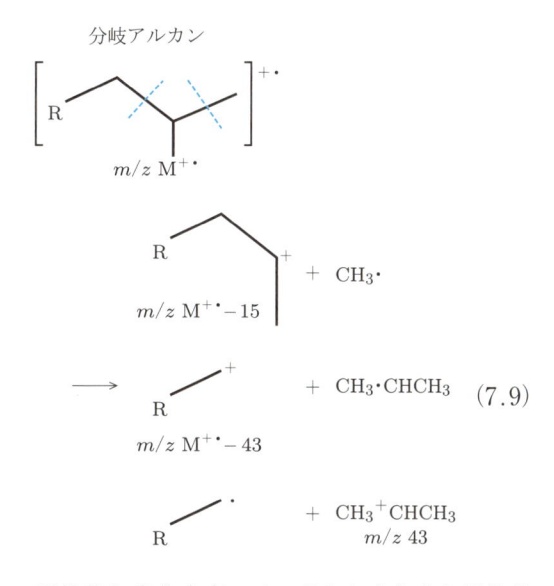

分岐アルカン

$$\left[R\diagdown\diagup\diagdown_{CH_3}\diagup \right]^{+\bullet}$$
$m/z\ M^{+\bullet}$

$R\diagdown\diagup\diagdown^+ + CH_3\cdot$
$m/z\ M^{+\bullet}-15$

$\longrightarrow$ $R\diagdown\diagup^+ + CH_3\cdot CHCH_3$ (7.9)
$m/z\ M^{+\bullet}-43$

$R\diagdown\diagup\cdot + CH_3^+CHCH_3$
$m/z\ 43$

環状飽和炭化水素では，環から突き出た置換基の部分で開裂しやすい．

[*12] $CH_3\cdot$ は不安定なため，強度は弱い．
[*13] $m/z\ 43$（$C_3H_7^+$）が基準ピークとなるのは，プロトン化シクロプロパン構造で安定化するためである．

$$\text{環状アルカン} \quad \left[\text{(cyclohexyl-propyl)} \right]^{+\cdot} \quad m/z\ \text{M}^{+\cdot}$$

$$\longrightarrow \text{(cyclohexyl cation)}^+ + \text{CH}_3\text{CH}_2\overset{\cdot}{\text{CH}}_2 \quad (7.10)$$

$$m/z\ \text{M}^{+\cdot} - 43$$

環状アルカンはさらに環開裂を起こすが，C–C 結合が開裂しても分子の分離は起こらない．そのため，ほかの直鎖状アルカンや分岐アルカンに比べると，イオン強度は強く現れる．

不飽和炭化水素では，二重結合が共鳴により，安定なアリルカチオン $\text{CH}_2\text{CHCH}_2{}^+$ *14 を生成する方向に開裂する．

$$\text{アルケン} \quad R{-}\text{CH=CH–}\cdots \xrightarrow{-e^-} [R\cdots]^{+\cdot}$$

$$\downarrow$$

$$\left[\text{CH}_2{=}\text{CH–CH}_2^+ \leftrightarrow {}^+\text{CH}_2{-}\text{CH=CH}_2 \right] + R\cdot$$

$$m/z\ 41$$

アリルカチオンの共鳴 (7.11)

(b) 芳香族炭化水素

芳香族炭化水素は分子イオンピークが強く出る傾向があり，スペクトルは他に比べて単純である．アルキル基を含む芳香環では，ベンジル位の開裂により $m/z\ 91$ に強いピークが現れ，通常これが基準ピークとなる．このピークは**転位生成物**[*15]の**トロピリウムイオン**と考えられ，ここからさらにアセチレンが脱離した $m/z\ 65$ のフラグメントが観測される[*16]．

ベンジル位の開裂

$$\left[\text{C}_6\text{H}_5{-}\text{CH}_2{-}R \right]^{+\cdot}$$

$$\xrightarrow{-R\cdot} \text{C}_6\text{H}_5{-}\overset{+}{\text{CH}}_2 \rightleftharpoons \text{(トロピリウム)}^+ \quad m/z\ 91\ \text{トロピリウムイオン}$$

ベンジルカチオン

$$\downarrow -\text{C}_2\text{H}_2$$

$$\text{(シクロペンタジエニル)}^+ \quad m/z\ 65 \quad (7.12)$$

シクロペンタジエニルカチオン

(c) アルコールおよびフェノール

アルコール類の脱水に伴う分子イオンピークは，非常に小さいか検出されない．そして，酸素上にラジカルカチオンが形成されるので，この陽電荷を中和するように酸素原子の隣の C–C 結合が開裂しやすい．この反応を **α-開裂** という．

$$\left[R{-}\text{CH}_2{-}\text{OH} \right]^{+\cdot} \xrightarrow{\text{M}^{+\cdot} - R} R\cdot + \overset{+}{\text{CH}}_2{=}\text{OH}$$

$$m/z\ 31 \quad (7.13)$$

第 1 級および第 2 級アルコールでは，酸素原子の隣の水素が脱離した $(\text{M}^{+\cdot}-1)$ のピークが観測されることも多い．

$$\left[\begin{array}{c} \text{H} \\ R{-}\text{C}{-}\text{OH} \\ \text{H} \end{array} \right]^{+\cdot} \xrightarrow{\text{M}^{+\cdot} - \text{H}} R{-}\text{CH}{=}\overset{+}{\text{OH}} + \text{H}\cdot \quad (7.14)$$

フェノールは脱水が起こらないため，分子イオンピークが基準ピークとなり判別しやすい．フェノールのフラグメントイオンには，CO の開裂した $m/z\ 66$ と CHO を脱離してできるシクロペンタジエニルカチオン $m/z\ 65$ のピークが観察される．

[*14] アリルカチオンは共鳴安定化する．
[*15] 化合物の分子内で原子または置換基の位置の変わったもの（たとえば，ベンジルカチオンとトロピリウムイオン）．
[*16] 芳香族化合物でよく出るフラグメントは，$\text{C}_6\text{H}_5{}^+$ ($m/z\ 77$)，$\text{C}_6\text{H}_6{}^{+\cdot}$ (78)，$\text{C}_7\text{H}_7{}^+$ (91) などがある．環状の $\text{C}_7\text{H}_7{}^+$ イオン ($m/z\ 91$) の基準ピークが表れた場合，測定試料がアルキル置換ベンゼンであることを示唆している．

$$\left[\begin{array}{c}\text{OH}\\ \end{array}\right]^{+\cdot} \xrightarrow{-\text{CO}} \left[\bigcirc\right]^{+\cdot}_{m/z\ 66}$$

$$\xrightarrow{-\text{H}\cdot} \underset{m/z\ 65}{\bigcirc^{+}} \quad (7.15)$$

(d) エーテル

アルコールと同様，*α*-開裂によるフラグメントイオンピークがみられ，最も重いアルキル基が優先的に開裂する．

$$\left[R \dashv CH_2-OR'\right]^{+\cdot} \longrightarrow R\cdot + CH_2\overset{+}{=}OR' \quad (7.16)$$

芳香族エーテルでは，アルキルラジカルとCOを脱離して，シクロペンタジエニルカチオン m/z 65 を生じる．

(構造式: フェニルエーテル → m/z 93 → m/z 65) (7.17)

(e) アミン

アミンもアルコール同様に *α*-開裂を起こし，安定なオニウムイオンを生じる．

$$\left[R\dashv CH_2-NH_2\right]^{+\cdot} \xrightarrow{M^{+\cdot}-R} R\cdot + \underset{m/z\ 30}{CH_2\overset{+}{=}NH_2} \quad (7.18)$$

炭素C，水素H，酸素Oのみからなる化合物の分子イオンピークは偶数である．窒素Nは偶数の原子量と奇数の原子価をもつ元素であるため，奇数個の窒素原子をもつ化合物の分子イオンピークは奇数となり，偶数個の窒素原子をもつ化合物の分子イオンピークは偶数となる．これを窒素ルールという[*17]．

(f) アルデヒドおよびケトン

低分子のアルデヒドおよびケトンは，*α*-開裂によるイオンを生成する．

$$R-C\equiv O^+ \xleftarrow{-H\cdot} \left[\begin{array}{c}R\dashv C=O\\ \mid\\ H\end{array}\right]^{+\cdot} \xrightarrow{-R\cdot} \underset{m/z\ 29}{\overset{C\equiv O^+}{\underset{H}{\mid}}} \quad (7.19)$$

$$R-C\equiv O^+ \xleftarrow{-R'\cdot} \left[\begin{array}{c}R\dashv C=O\\ \mid\\ R'\end{array}\right]^{+\cdot} \xrightarrow{-R\cdot} \overset{C\equiv O^+}{\underset{R'}{\mid}} \quad (7.20)$$

それぞれのフラグメント強度はアルキル基の大きさに左右され，アルデヒドではエチル基以上で RCO^+ が基準ピークとなる．また，ケトンでは大きいアルキル基が脱離してできるイオンが基準ピークになる．

γ 位に水素をもつ長鎖のアルキル基の結合したアルデヒドおよびケトンでは，*γ*-水素のカルボニル酸素への転位を伴う *α*-*β* 間の結合の開裂であるマクラファティ転位（McLafferty rearrangement）[*18] が起こり，主なピークを m/z 44, 58, 72 … に生じる．

[*17] 窒素ルールでは，分子イオンとフラグメントイオンを混同しないように注意が必要である．
[*18] マクラファティ転位が起こるには，カルボニル基のように電子が局在したヘテロ原子を含む基に対して，*γ* 位に引き抜かれやすい水素原子の存在が必要である．

$$\left[\begin{array}{c}\text{O}\!\!=\!\!\text{C}(\text{R})\text{--CH}_2(\beta)\text{--CH}_2\text{--CH}(\gamma)(\text{H})(\text{R}')\end{array}\right]^{+\cdot}$$

$$\xrightarrow{\text{マクラファティ転位}} \left[\begin{array}{c}\text{OH} \\ | \\ \text{R--C=CH}_2\end{array}\right]^{+\cdot} + \text{CH}_2\!\!=\!\!\text{CHR}'$$

$$R = H$$
$$m/z\ 44 \tag{7.21}$$

(g) カルボン酸とエステル

低分子のカルボン酸およびエステルは，α-開裂によるイオンを生成する．

$$R\text{--}C\!\equiv\!O^+ \xleftarrow{-\text{OH}\cdot} \left[R\!-\!\!\begin{array}{c}\text{C=O} \\ | \\ \text{OH}\end{array}\right]^{+\cdot} \xrightarrow{-R\cdot} \begin{array}{c}\text{C=O}^+ \\ | \\ \text{OH}\end{array}$$
$$m/z\ 45 \tag{7.22}$$

長鎖の化合物では，アルデヒドやケトンと同様にマクラファティ転位によるピークが観察される[*19]．

$$\left[\begin{array}{c}\text{O}\!\!=\!\!\text{C}(\text{RO})\text{--CH}_2(\beta)\text{--CH}_2\text{--CH}(\gamma)(\text{H})(\text{R}')\end{array}\right]^{+\cdot}$$

$$\xrightarrow{\text{マクラファティ転位}} \left[\begin{array}{c}\text{OH} \\ | \\ \text{RO--C=CH}_2\end{array}\right]^{+\cdot} + \text{CH}_2\!\!=\!\!\text{CHR}'$$

$$R = CH_3$$
$$m/z\ 74 \tag{7.23}$$

(h) ハロゲン化合物

フッ素以外の塩素Cl，臭素Br，ヨウ素Iでは炭素とハロゲン原子間の結合（C–X）が弱いため，C–X結合の切断が多い．そのほかでは，アルコール同様の α-開裂によるイオンを生成する．

$$[R\!\mid\!X]^{+\cdot} \longrightarrow R^+ + X\cdot \tag{7.24}$$

$$[R\!\mid\!CH_2\!-\!X]^{+\cdot} \longrightarrow R\cdot + CH_2\!=\!X^+ \tag{7.25}$$

ハロゲン化物では，多量の同位体によって特徴的な分子イオンピークが観察される．

7.1.8 転位イオン生成物

これまでは主に分子イオンなどの単純な開裂反応について説明してきた．しかし，カルボニル化合物でみられるような転位生成物によるピークも，スペクトルには多く観察される．

(a) 六員環水素移動

アルコールや芳香族化合物でも，**六員環水素移動**[*20]を経由してオレフィンを脱離するマクラファティ転位が起こる．

- アルコール

$$\left[\begin{array}{c}\text{HO--CH(H)--CH}_2\text{--CH}_2\text{--CH}(R)\end{array}\right]^{+\cdot}$$

$$\longrightarrow [\text{CH}_2\!=\!\text{CH}\!-\!R]^{+\cdot} + \text{CH}_2\!=\!\text{CH}_2 + \text{H}_2\text{O}$$
$$m/z\ M^{+\cdot}-46 \tag{7.26}$$

[*19] 脂肪族カルボニル化合物では，α-開裂や六員環水素移動を経由してオレフィンを脱離するマクラファティ転位が起こる．
[*20] 安定な環状の遷移状態を経て起こる切断には，六員環水素移動のほかに四員環水素移動によるものもある．

- 芳香族

$$\left[\begin{array}{c}\text{(benzyl-CH}_2\text{-CH}_2\text{-CHR-H)}\end{array}\right]^{+\cdot}$$

$$\longrightarrow \left[\begin{array}{c}\text{(cyclohexadienyl=CH}_2\text{,H)}\end{array}\right]^{+\cdot} + \text{CH}_2\text{=CHR}$$

$m/z\ 92 \tag{7.27}$

(b) 四員環水素移動

アルコール，エーテルおよびアミン類など酸素や窒素をもつ化合物では，α 結合の開裂のほかに，**四員環水素移動**を経由する水素原子の引き抜きによる脱水や水素負イオンのシフトなどが起こる．

- アルコール（分子イオンから）

$$\left[R-CH_2-\underset{H}{\underset{|}{C}}-CH_2 \atop \quad OH\right]^{+\cdot}$$

$\xrightarrow{\text{四員環水素移動}} R-CH_2-\underset{\cdot}{\underset{|}{C}}-CH_2 \atop H-OH$

$\xrightarrow{-H_2O} R\!-\!CH_2-\underset{\cdot}{C}-CH_2^+$

$\longrightarrow R\cdot + CH_2=CHCH_2^+ \tag{7.28}$

- アルコール（フラグメントイオンから）

$$R-\underset{H}{\underset{|}{C}}-\underset{H}{\underset{|}{C}}-\underset{OH}{\underset{|}{C}}-R'\quad +$$

$\xrightarrow{\text{四員環水素移動}} R-\underset{H}{\overset{H}{C}}\ \ H \atop H-\underset{H}{\underset{|}{C}}-\underset{OH}{\underset{|}{C}}-R'\ +$

$\longrightarrow RHC=CH_2 + R'HC\overset{+}{=}OH$

$R=CH_3$

$m/z\ 45 \tag{7.29}$

- エーテル

$$\left[R\!\dashv\!CH_2-O-CH_2-CH_3\right]^{+\cdot}$$

$\xrightarrow{-R\cdot} CH_2=\overset{+}{O}-CH_2-CH_3$

$CH_2=O\ \ CH_2 \atop \quad H-CH_2 \longrightarrow CH_2=OH^+ + CH_2=CH_2 \tag{7.30}$

- アミン

$$R-\underset{H}{\underset{|}{C}}-\underset{H}{\underset{|}{C}}-\underset{NH_2}{\underset{|}{C}}-H$$

$\xrightarrow{\text{四員環水素移動}} R-\underset{H}{\overset{H}{C}}\ H \atop H-\underset{H}{\underset{|}{C}}-\underset{NH_2}{\underset{|}{C}}-H\ +$

$\longrightarrow RHCH=CH_2 + CH_2=\overset{+}{N}H_2$

$m/z\ 30 \tag{7.31}$

Coffee Break

1兆分の1の存在比

自然界に存在する炭素同位体の一つである炭素14（^{14}C）が，放射線を出しながら窒素に変わる（β崩壊）半減期（放射能強度が半分にまでに要する時間）は約6000年である．実際には，大気組成変化による較正が必要であるが，絶対年代が計測できることが歴史学者や考古学者に注目されている．従来，炭素14の濃度はβ計数法で計測されていたが，加速器質量分析法（AMS, accelerator mass spectrometry）が利用されるようになり信頼度が増した．しかし，測定対象物によってはとんでもない年代になるものもあり，測定条件をはじめ，解析手法などの検討や，ほかの分析法との整合性などについて検証が進められている．

演・習・問・題・7

7.1
 質量分析法で用いられる試料のイオン化には種々の方法がある．高分子化合物の分子イオンピークを得る最も適切なイオン化法を示し，その理由を説明せよ．

7.2
 1-ブロモブタンの質量スペクトルは，m/z 136 と 138 に等しい強度の分子イオンピークが観測される．このような分子イオンピークが観測される理由を説明せよ．

7.3
 通常，第1級アルコールでは酸素原子の隣の C-C 結合が切れて（α-開裂），m/z 31（$CH_2=O^+H$）のピークが観測される．第2級および第3級アルコールの開裂様式を説明せよ．

7.4
 次に，化合物の質量分析によるフラグメントピークを示す．対応するフラグメント構造を書け．

(1) 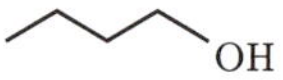 ～～～OH　　m/z 74(M^+), 73, 56, 43, 41, 31

(2) 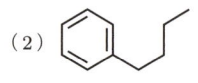 ⌬-CH₂CH₂CH₂CH₃　　m/z 134(M^+), 91, 77, 65

(3)  ～I　　m/z 156(M^+), 127, 29

7.5
 次のスペクトル中の数値に対応するフラグメント構造を書け．

(1) ヘキサン

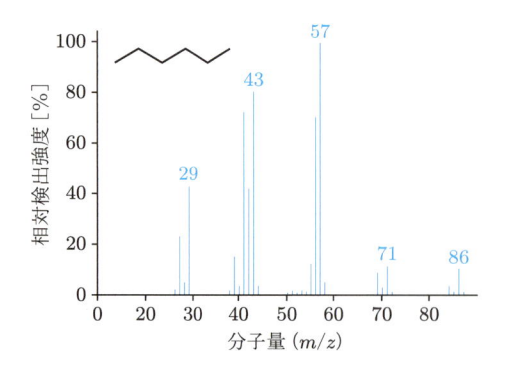

(2) 2-メチルペンタン

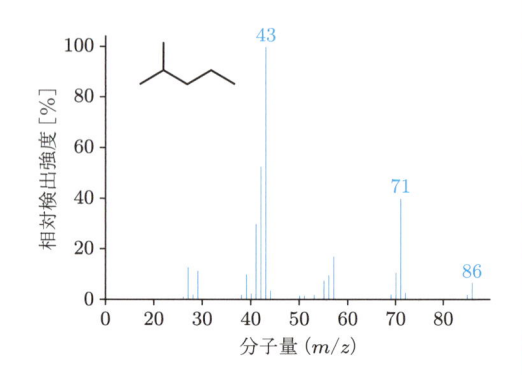

(3) 1-ヘキセン

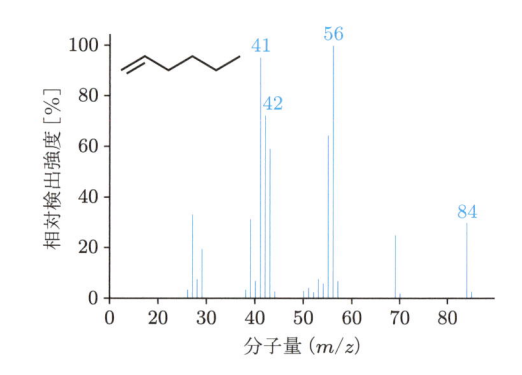

(4) エチルベンゼン

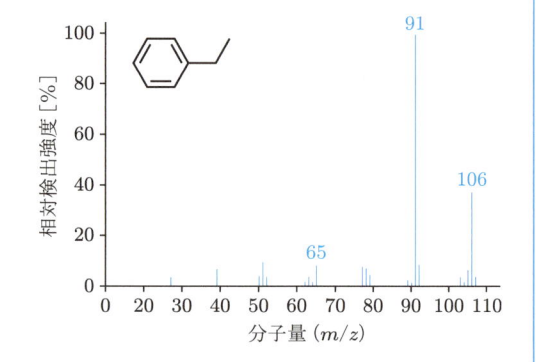

(5) プロピルシクロヘキサン

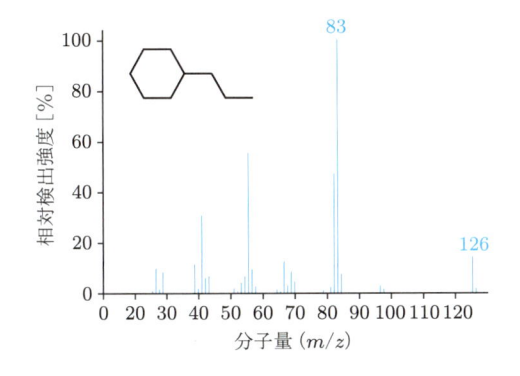

(6) 1-ブタノール

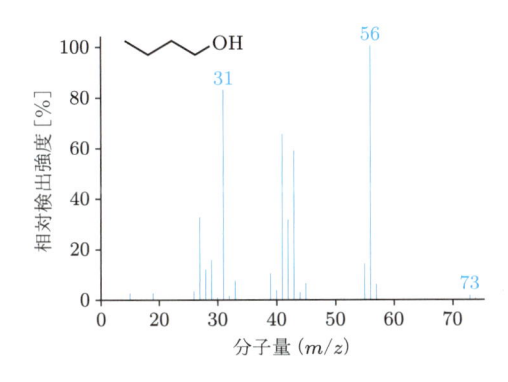

(7) フェノール

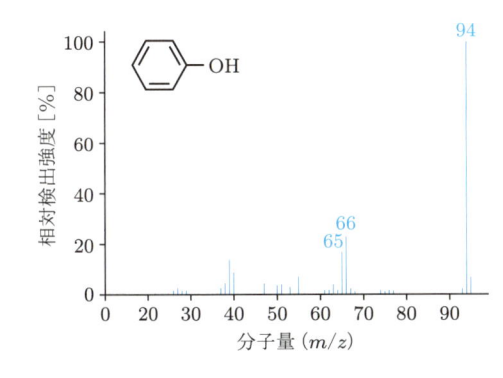

(8) アニソール

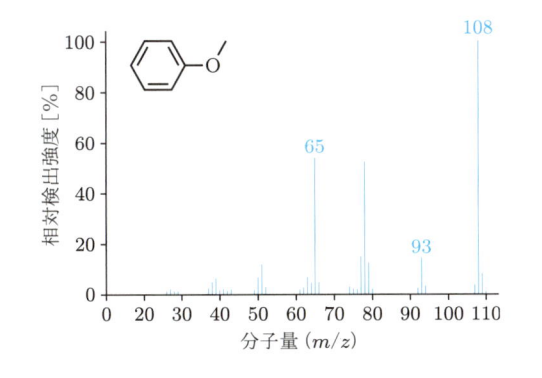

(9) 1-アミノヘキサン

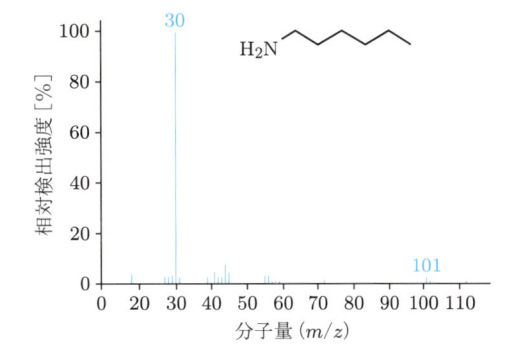

(10) ブタナール

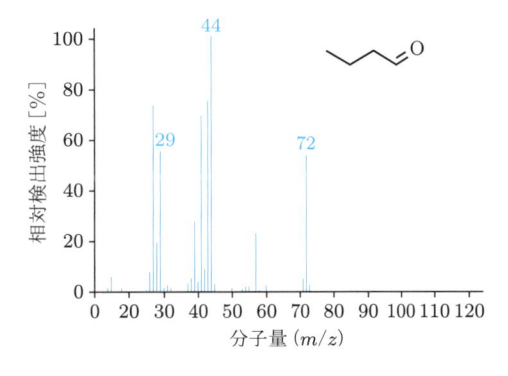

(11) ブタン酸メチル

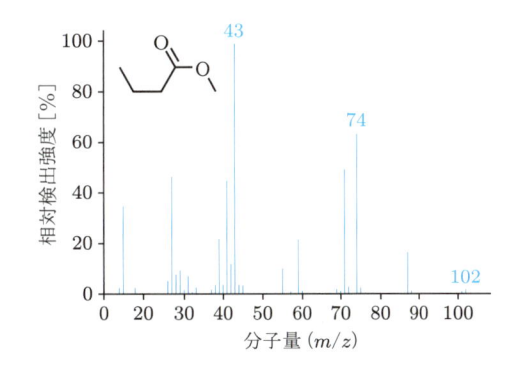

(12) ジエチルエーテル

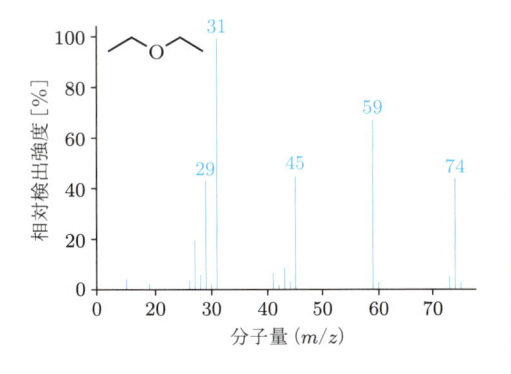

第8章
電気化学的測定法

ほとんどの化学反応には，ある物質から他のものに電子が移動することによる酸化還元反応が関与している．化学反応は，すべて電子のやりとりでおこるのである．

電気化学的測定法とは，このような電子のやりとりを電極を用いた電流や電圧測定により直接とらえる方法であり，化学物質の濃度に比例した電気信号が直接得られる．電気量の測定は簡単な装置で高感度に行えることから，広い分野に応用されている．

KEY WORD

| 電流 | ファラデー定数 | 酸化還元反応 | 電極電位 | ネルンストの式 |
| ダニエル電池 | 電極 | 電位差分析法 | 伝導度分析法 | ボルタンメトリー |

8.1 電気化学的測定法の基礎

物質の酸化還元反応によって，電子が酸化される側から還元される側に移動する．ここに電極を加えると，電子の動きを直接みることができる．本節では，このような過程の理論的背景を説明する．

8.1.1 電気量

本章で扱う電気化学的測定法には『電気量』という量が登場する．まずは，いくつかの電気量について説明する．

(a) 電流

電流は，単位時間当たりに移動した電荷 Q（単位はクーロン C）であり，次式で表されるようにクーロン・(秒)$^{-1}$ の次元をもつ．観測する時間を小さくしていき，瞬間的な i の値が決定できるほどのごく短い時間（無限小時間）とした微分形式でも表すことができる．

$$i = \frac{\Delta Q}{\Delta t} \quad \text{または} \quad i = \frac{dQ}{dt} \tag{8.1}$$

電流の時間変化がないとすると，電流の値は1秒当たりに流れる電荷の量である．

(b) アンペア

電流の大きさはアンペア（A）で表される．1秒間当たり1クーロンの電気量が移動したときの電流値である．

(c) ファラデー定数

電子一つ当たりの電荷である電気素量は，$e = 1.602 \times 10^{-19}$ クーロンである．酸化還元反応に伴って電子が1 mol（6.022×10^{23}個）分移動したと

きの電荷を 1 ファラデー（F）とよび，次式で表される．

$$1F = 1.609 \times 10^{-19}\,\text{C} \times 6.022 \times 10^{23}\,\text{mol}^{-1}$$
$$\cong 96500\,\text{C mol}^{-1} \qquad (8.2)$$

式(8.2)で表される値 96500 C mol^{-1} をファラデー定数 F という．

(d) 化学反応と電流の関係

同じ量の電荷が移動する場合でも，観測する電流の値は電荷が移動に要した時間によって異なる*1．たとえば，1 mC（10^{-3} C）の電荷が 1 秒で移動すればその電流値は 1 mA であるが，1 ミリ秒で移動すれば 1 A となる．現在，10^{-10} A 程度の電流値の測定は容易であることから，電気化学的測定法が簡便で高感度な計測法であることがわかる．

表 8.1 に，ある物質の一定物質量の分子が 1 電子の移動を伴う酸化還元反応をするときの分子の物質量と電流の値の関係を示す．

表 8.1 を横方向にみると，同じ時間の中では電子移動が起こる分子数が大きなほど大きな電流が流れることがわかる．たとえば，1 秒間で 100 pA の電流値を観測すれば 10^{-15} mol の物質が測定できる．これは他の分析法と比べ，かなり高感度である．また，表 8.1 を縦方向にみると，同じ量の電荷の移動が短い時間内に起こると電流値は大きくなることを示している．電気化学的測定法では，このような高感度測定が簡単な装置で行える．

■表 8.1 ■ 電気化学反応の物質量と電流・時間の関係*2

		分子物質量				
		10^{-6}	10^{-9}	10^{-12}	10^{-15}	10^{-18}
時間 [s]	1 秒	100 mA*	100 μA	100 nA	100 pA	100 fA
	1 ミリ秒	100 A	100 mA	100 μA	100 nA	100 pA
	1 μ秒	—	100 A	100 mA	100 μA	100 nA

※簡単のため 1 F ≒ 10^5 C として計算した．

8.1.2 電気化学反応の基礎

純水は絶縁体であるため，通常，水の電気分解は困難である．そこで，水に塩化ナトリウムや硫酸のような支持電解質*3 を加える．水に溶解したイオンが電子のキャリアー（career）*4 となって移動し，電流が流れるようになる*5．

図 8.1 に示した水の電気分解を考えてみる．水に 2 本の電極を差し込み，少しずつその電圧を増加させると，はじめはまったく電流が流れない．しかし，約 1.5 V 付近から急激に電流が流れ始め，主として電極のプラス側（陽極（anode），または

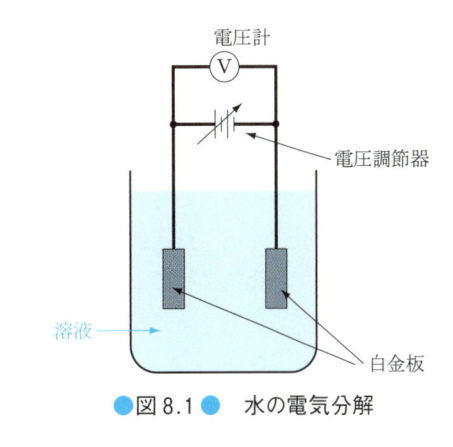

●図 8.1● 水の電気分解

---

*1 「電流は反応の速度」と覚える．
*2 単位は 1000 倍ごとに変わる．ミリ [m]：10^{-3}，マイクロ [μ]：10^{-6}，ナノ [n]：10^{-9}，ピコ [p]：10^{-12}，フェムト [f]：10^{-15}，アト [a]：10^{-18} である．
*3 水などの絶縁体に添加して電気伝導性を与える電解質のことである．
*4 この場合，電子を運ぶ媒体を表す．
*5 水の純度を電気抵抗の大きさによって測る方法もある．

正極とよぶ）では酸素 O_2 が，マイナス側（陰極 (cathode)，または負極とよぶ）では水素 H_2 が発生する[*6]．図8.2にこのときの電流の変化を示す．

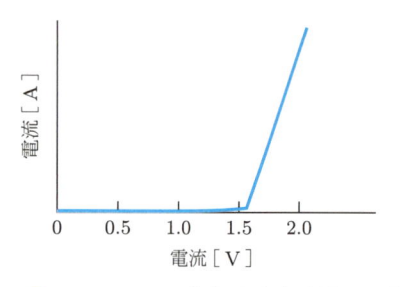

●図8.2● 0.1 mol dm^{-3} 希硫酸水溶液を電気分解したときの電圧と電流の関係

両電極で，正味では式(8.3)の反応が起こる．

$$H_2O \longrightarrow \frac{1}{2}O_2 + H_2 \tag{8.3}$$

水の電気分解反応によって，酸素と水素が1：2のモル比で発生する．ここで陽極と陰極の反応を別々にみてみる．陽極では，式(8.4)の反応により水から電子を奪い酸素ガスが発生する．すなわち酸化反応が起こっている．電子は溶液から電極に移動する．

$$H_2O \longrightarrow \frac{1}{2}O_2 + 2e^- + 2H^+ \tag{8.4}$$

陰極では，水素イオン H^+ に電子を与え水素ガスが発生する．この電極では還元反応が起きている．電子は電極から溶液に移動する．

$$2H^+ + 2e^- \longrightarrow H_2 \tag{8.5}$$

これらの反応を溶液からみると，陰極側では水素イオンが消費されるため，溶液側から+イオンが輸送される．一方，陽極側では水素イオンが生成し，これが溶液側に拡散する．水の電気分解反応では，溶液の中に『陰極-水素イオン消費-イオンの輸送-水素イオン生成-陽極』となるような電子の移動経路ができて，はじめて電流が流れる．

8.1.3 電極電位

電極の電位は，次に示すネルンストの式[*7]で表される．

$$E = E^0 - \frac{RT}{nF} \ln Q \tag{8.6}$$

ネルンストの式は，電極電位を与える基本となる式である．ここで E^0 は標準電極電位である．底を常用対数に変換し，反応商 Q の対数に対する傾きを求めると，25℃では次のようになる．

$$\frac{RT}{F} \ln Q = \frac{8.31 \, JK^{-1}mol^{-1} \times 298 \, K}{96485 \, C \, mol^{-1}}$$
$$\times 2.303 \log Q$$
$$\cong 59.1 \, mV \log Q$$

$$E = E^0 - \frac{59.1 \, mV}{n} \log Q \tag{8.7}$$

ネルンストの式は電極反応の電位を与える一般式として重要なものであるが，実際の電極ではどのようになるのだろうか．そこで，例としてダニエル電池の電圧（25℃）における無電流電池電位を求めてみる[*8]．ダニエル電池は，硫酸銅 $CuSO_4$ の水溶液に銅 Cu の電極を浸した半電池と，硫酸亜鉛 $ZnSO_4$ の水溶液に亜鉛 Zn の電極を浸した半電池を接続した構造をもつ[*9]．概略図を図8.3に示す．

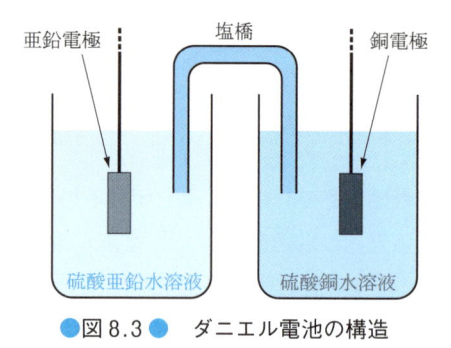

●図8.3● ダニエル電池の構造

---

*6 電気分解では陽極・陰極といい，同じ装置を電池としてみた場合は，それぞれ負極・正極とよぶ．
*7 ドイツの化学者ネルンスト（W.H. Nernst, 1864-1941）が提唱した．ネルンストは熱化学の研究でノーベル賞を受賞している．
*8 「電流を流さない」ということは事実上不可能であるが，このように考えるのである．実際に測定するときには，入力抵抗の極めて大きな電圧計を用いて，測定器に流れる電流が測定結果に対して無視できるとして測定する．
*9 通常のダニエル電池は，硫酸銅水溶液に銅電極を浸した容器中に多孔質容器が入っている．多孔質容器中には，硫酸亜鉛溶液に浸した亜鉛溶液が入っている．

無電流電池電位とは，電池電圧を電流を流さないで計ったときの電位である．ダニエル電池を構成する酸化還元対の標準電池電位は，式(8.11)，(8.12)に示すようになる．

$$Cu^{2+}(aq) + 2e^- \longrightarrow Cu(s) \quad +0.34\,V \quad (8.11)$$
$$Zn^{2+}(aq) + 2e^- \longrightarrow Zn(s) \quad -0.76\,V \quad (8.12)$$

標準状態における電極間の電圧は，両電極の電位の差をとって $+0.34-(-0.76)=1.10\,V$ となる．ダニエル電池の反応では自発的に進行する方向で，銅イオン Cu^{2+} が電子を受け取り，亜鉛が電子を放出して亜鉛イオン Zn^{2+} になる過程である．このときの電池反応は，次式のように表される．

$$Zn(s)\,|\,ZnSO_4(aq)\,\|\,CuSO_4(aq)\,|\,Cu \quad (8.13)$$

式(8.13)を電池式という．電池式では | は相の境界を，‖ は液間電位が 0 の仕切り（図 8.3 の塩橋[*10] によって液間電位 0 が達成されている）を表し，左側に酸化反応，右側に還元反応をする極を示す．上記の例では，硫酸亜鉛溶液に亜鉛極が漬かっている半電池と硫酸銅溶液に銅の電極からなる半電池が接続され，銅が還元される側であることを示している．このような電池の正味の反応は，式(8.14)で表される．

$$Cu^{2+}(aq) + Zn(s) \longrightarrow Cu(s) + Zn^{2+}(aq) \quad (8.14)$$

実際のダニエル電池の起電力を求めてみる．硫酸銅の濃度を $1.0\times10^{-3}\,mol\,dm^{-3}$，硫酸亜鉛の濃度を $3.0\times10^{-3}\,mol\,dm^{-3}$ とすると，反応商 Q は

$$Q = \frac{3.0\times10^{-3}}{1.0\times10^{-3}} = 3.0 \quad (8.15)$$

である．したがって，このときの電池電圧は次のように計算される．

$$\begin{aligned}\therefore E &= E^0 - \frac{0.0591}{2}\log Q \\ &= 1.102 - \frac{0.0591}{2}\log 3.0 \\ &= 1.102 - 0.0296\times 0.477 = 1.088\,V\end{aligned} \quad (8.16)$$

上記のような関係を一般化してみる．目的とする電極反応は還元反応で表すので，酸化体 Ox_A が 1 個の電子を受け取り（還元され），還元体 Red_A となる反応について考える[*11]．電子を受け取る相手は標準水素電極とする[*12] と反応式は以下のようになる．すなわち，陰極では，

$$Ox_A + e^- \longrightarrow Red_A \quad (8.17)$$

のように酸化体が電子を受け取り，陽極ではその分の電子を水素イオンに渡し

$$H_2 \longrightarrow 2H^+ + 2e^- \quad (8.18)$$

の反応が進行する．陰極，陽極の酸化還元反応を合わせた正味の反応は，両式から電子を消去して

$$2Ox_A + H_2 \longrightarrow 2Red_A + 2H^+ \quad (8.19)$$

と表される．ダニエル電池と同様に考える（物質濃度は活量で表す[*13]）と式(8.20)のような関係が得られる．

$$\begin{aligned}E &= E^0 - \frac{RT}{2F}\ln\frac{a^2_{Red_A}\cdot a^2_{H^+}}{a^2_{Ox_A}\cdot a_{H_2}} \\ &= E^0 + \frac{RT}{F}\ln\frac{a_{Ox_A}}{a_{Red_A}}\end{aligned} \quad (8.20)$$

<u>標準水素電極</u>の場合，水素イオンおよび水素ガスの活量は 1 であることに注意すると，一般的な酸化還元系の電極電圧は，酸化体 Ox_A と還元体 Red_A の活量の比の対数に比例するという簡単な関係で表される．

8.1.4　電極の種類

前項で示した種々の電気化学的測定法ではさまざまな電極を用いる．目的とする電気化学反応を

---

*10　寒天ゲル中に飽和濃度の塩化カリウム KCl を溶解し，固めたものである．二つの電解質の液間電位差をほとんど 0 にできる．
*11　Ox：酸化型，Red：還元型
*12　比較電極を用いて酸化還元反応の基準をつくる
*13　希薄な溶液の場合，活量は濃度と等しいと考えてよい．

起こすため，図 8.4 に示す電極構成の装置（電気化学セルという）を用いることが多い．電気化学反応を生じさせるための電極は，不活性な材質である白金 Pt，金 Au，グラシーカーボン*14 などが目的に応じて用いられ，作用電極（working electrode）とよばれる．作用電極の表面が酸化還元反応の反応場となる．

しかし，作用電極は単なる半反応の場であるので，酸化還元の起こりやすさの系列に酸化還元電位を設定するためには，基準となる比較電極（参照電極：RE, reference electrode）が必要である．比較電極とは，電位の基準を与える電極である．このためには，比較電極に対して作用電極の電位を一定の値に設定する．比較電極に多くの電流を流すと電位が変化してしまうので，電流は別の電極に流すことが多く，この電極を対極（counter electrode）という．対極は電流を流し込む井戸のようなもので，これがあることで作用電極の電位を比較電極に対して一定に保ったまま酸化還元反応を行うことができる．作用電極での酸化還元反応は比較電極に対して一定の電位で行い，作用電極上で起こった反応に由来する電子移動は対極が受け持つわけである．図 8.5 に種々の電極の例を示す．同図 (a)，(b) は作用電極，同図 (c)，(d) は比較電極，同図 (e) は対極である．また，式 (8.6) から明らかなように，電極電位を与えるネルンストの式において，電位は温度の関数であるので，温度の影響を補償するため，温度補償電極

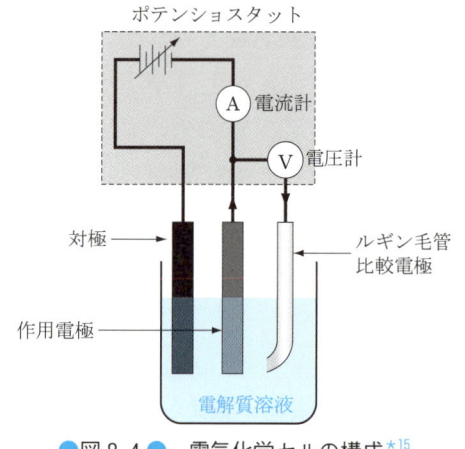

●図 8.4● 電気化学セルの構成*15

(a) 金属電極 (白金, 金)（作用電極）
(b) グラシーカーボン電極（作用電極）
(c) 銀塩化銀電極（比較電極） 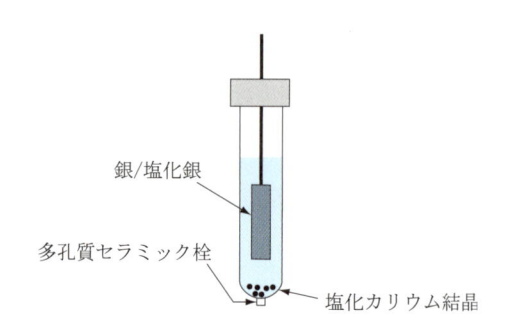
(d) 水素電極（比較電極） 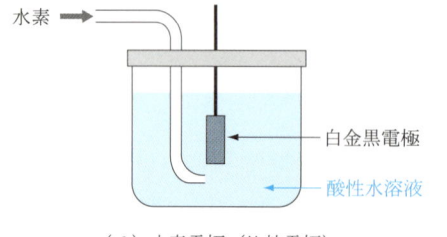
(e) 白金電極（対極） 

●図 8.5● 種々の電極

*14 耐熱性，耐薬品性に優れ，電気伝導性の大きなガラス状カーボンである．
*15 ポテンショスタットは，作用電極の電位を参照電極に対して制御しながら，流れる電流を測定する装置である．

などを挿入することもある．

測定において重要なのは比較電極である．なぜなら，比較電極は電極電位の基準となるものであり，この電極の安定性が測定の精度を決めるからである．理想的な比較電極の条件は，次のようになる．

- 比較電極表面の電極反応が可逆的であり，電解液中のある化学種とネルンスト応答する．
- 時間に対して電位が安定である．
- 微小電流を流しても電位がすぐに元に戻る．
- 固体相が電極の場合は，固体相が電解質中に溶解しない．
- 温度を上昇させたときと下降させたときの変化の様子が同じである．つまりヒステリシスがない．

このような条件の比較電極は現実には存在しないが，必要な精度，再現性に応じて選択する．比較電極の基準は水素電極である（図 8.5（d）参照）．水素電極では，$1\ mol\ dm^{-3}$ の塩酸水溶液の中に白金黒電極[*16]を入れ，1気圧（atm）の水素ガスを通気する．この電極の半反応は水素イオン H^+ の還元反応であり，次の式で表される．

$$H^+ + e^- \longrightarrow \frac{1}{2}H_2 \tag{8.21}$$

式（8.21）の右辺は，酸性水溶液中にバブリングすることにより溶存した水素ガスである．電極電位は，式（8.22）のネルンストの式で表される．式（8.21）の半反応の還元電位は 0 である（$E^0 = 0$）[*17]ので，H^+ の活量が 1 のときに電極電位は $E = 0$ である．

$$E = E^0 - \frac{RT}{F}\ln\frac{a_{H^+}}{a_{H_2}} \tag{8.22}$$

標準水素電極では水素電極中の H^+ の活量は 1 で，水素ガスの活量は 1 であるので，電位は 0 ボルトとなる．

また，よく用いられる電極として銀塩化銀電極がある．この電極の電位は水素電極の電位と比較して決まる．銀塩化銀電極（図 8.5（c）参照）の表面では次のような電極反応が起こる．

$$AgCl(s) + e^- \longrightarrow Ag(s) + Cl^- \tag{8.23}$$

水素の半反応と組み合わせると

$$2AgCl + H_2 \longrightarrow 2Ag + 2H^+ + 2Cl^- \tag{8.24}$$

$$E_{Ag/AgCl} = E^0{}_{Ag/AgCl} - \frac{RT}{F}\ln\frac{a_{Ag}a_{Cl^-}}{a_{AgCl(s)}}$$
$$\left(= -\frac{RT}{F}\ln a_{Cl^-}\right) \tag{8.25}$$

となり，電極電位は塩素イオン濃度にのみ依存することがわかる．

8.2 主な電気化学的測定法

電気化学的測定は，測定対象となる物質に対する電極電位や電解電流などの変化を取り出して解析する方法である．電気分析法は，測定対象に対する電気化学的刺激の与え方と取り出す電気量によって，次のように分類される．

(a) 電位差分析法

電位差分析法は，電極に電流を流さない状態で二つの電極の間に発生する電位差を測定する方法である．無電流電極電位を測定する方法であり，水素イオン濃度 $[H^+]$ を測定する pH 電極が代表的な電位差分析法である．そのほかには，ナトリウム Na やカリウム K などのイオンを測定するイオン選択性電極，イオン選択性電極と酵素反応を組み合わせた酵素電極などがある．測定可能な濃度範囲は，$10^{-5} \sim 10^{-7}\ mol\ dm^{-3}$ 程度である．

[*16] 白金 Pt の表面に微粒白金粒子を析出させた電極である．測定にあたっては，この電極に 1 atm の水素ガスを通気する．
[*17] 水素の還元電位を 0 とみなすのである．

(b) 電気伝導度分析法

電気伝導度分析法は，溶液の伝導度[*18]を求めることによって溶液中の電解質の総量を測定する方法である．純水の純度モニター，イオンクロマトグラフの検出器，滴定反応のモニターなどに使用される．測定可能な濃度範囲は，$1 \sim 10^{-7}$ mol dm^{-3} 程度である．純水製造装置に付属している．

(c) 電解分析法

電解質成分を含む溶液に電極を入れ，ここに電圧を徐々に印加していくと，電解質が電気分解されることにより電流が流れる．この電流を利用し，溶液中の成分を分析するのが電解分析法である．電解分析法には，電解電量分析法と電解重量分析法がある．

電解電量分析法はクーロメトリーともよばれ，目的物質を電気分解したときに流れた電気量を測定することによって分析する．電解重量分析法は，電気分解によって生成・析出した物質の質量を測定し，目的物質の量を測定する方法である．測定限界は，それぞれ $10^{-5} \sim 10^{-7}$ mol dm^{-3} 程度である．

(d) ボルタンメトリー，ポーラログラフィー

ボルタンメトリーとポーラログラフィーは，電極の電位を比較電極に対して走査しながら，そのときに流れる電流を測定し，定性分析および定量分析を行う方法である．白金やグラシーカーボンなどの不活性電極を用いるボルタンメトリー（voltammetry）と滴下水銀電極を用いるポーラログラフィー（polarography）がある．検出限界は，$10^{-5} \sim 10^{-10}$ mol dm^{-3} 程度である．ポーラログラフィーは水銀 Hg を用いるため，近年は用いられなくなった．

(e) アノードストリッピング法

アノードストリッピング法は，水溶液中の目的物質（通常は金属イオン）をかき混ぜながら，水銀電極上で電気分解・析出させ，金属アマルガムとしたのち酸化放出したときに電流を測定する方法である．一種の電気化学的濃縮法であり，高感度である．

8.2.1 電位差測定法

電解質水溶液に電極を浸すと，その表面には電位差（内部電位）が発生するが，この電位差を直接測定することはできない．しかし，もう１本別の電極を浸すと，両極の間には観測できる電位が生じる．この電位差は，ネルンストの式（式(8.7)）により電解質の濃度と成分によって決まる．このように，電位差測定法は２本の電極間の電位差を測定して電解質の分析を行う分析方法である．

電位差測定では通常，外部から電圧や電流を加えることはなく，また，電圧測定のときには取り出す電流もなるべく小さな値（ゼロ電流電位測定）で行う．これは，二つの電極間に電流を流すと電極と電解成分の平衡が崩れ，安定した電位が測定できなくなるからである．

(a) 測定原理と測定装置

電位差測定分析法で用いる装置は通常，図8.6 に示すような２電極系を用いる．測定したいイオンを含む試料溶液に作用電極と比較電極を浸す．二つの電極間の電位差は，入力抵抗の極めて大きな電圧計で測定する[*19]．

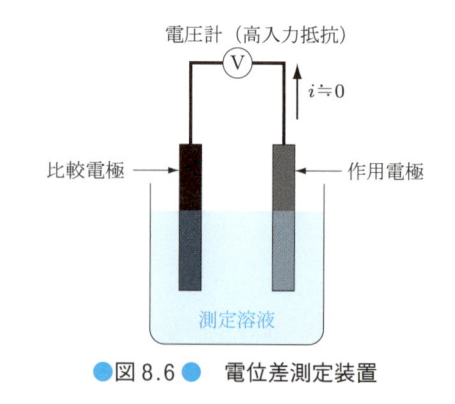

●図8.6● 電位差測定装置

[*18]「電流の流れやすさ」であり，抵抗値に反比例する．
[*19] 電圧計の入力抵抗が小さいと多くの電流が流れる．

作用電極表面で，電解成分 A が次式

$$A^{n+} + ne^- \rightleftharpoons A \qquad (8.26)$$

のような酸化還元平衡にあるとき，本章のはじめで示したように，作用電極にはネルンストの式に従った電位 E が発生する．E を求める式は次のようになる．

$$\begin{aligned}E &= E^0_A + \frac{RT}{nF}\ln\frac{[A^{n+}]}{[A]} \\ &= E^0_A + 2.303\frac{RT}{nF}\log[A^{n+}] \\ &= E^0_A + \frac{0.0591}{n}\log[A^{n+}]\end{aligned} \qquad (8.27)$$

E^0_A は，標準状態（通常 25 ℃，1 atm）における A の電極電位 V である[20]．

また，酸化還元系とは別に本測定法で重要なのは，濃淡電池系のイオン濃度測定である．本法は，水素イオン濃度 $[H^+]$ やナトリウムイオン Na^+ をはじめ多くのイオンの測定に用いられる．

図 8.7 のような系を考える．2 種類の水溶液が膜で仕切られており，両側の水溶液には溶質 A，B，C が溶けているが，A のみが膜を透過する．このとき，水溶液間には膜電位が生じる．

左側の水溶液 1（溶質 A の濃度：C_{A1}）｜膜
｜右側の水溶液 2（溶質 A の濃度：C_{A2}）
$\qquad\qquad\qquad\qquad\qquad\qquad (8.28)$

膜の左右で溶質 A の濃度差があるとき，溶質 A だけが膜内を拡散するため，水溶液と膜界面近くで陽イオンと陰イオンの数が異なる領域ができる．このようなイオンの濃淡により電位が生じ，この電位差 E は次のネルンストの式で表される．

$$\begin{aligned}\Delta E &= E^0_A + \frac{0.0591}{n}\log\frac{C_{A2}}{C_{A1}} \\ &= \frac{0.0591}{n}\log\frac{C_{A2}}{C_{A1}}\end{aligned} \qquad (8.29)$$

この電位を参照電極を基準として測定する．水溶液 1 に既知濃度の溶質 A を入れ，A のみを透過する膜を仕切りに用いて水溶液 2 に未知濃度の A を入れたとき，膜電位を測定すると C_{A2} が測定できる．

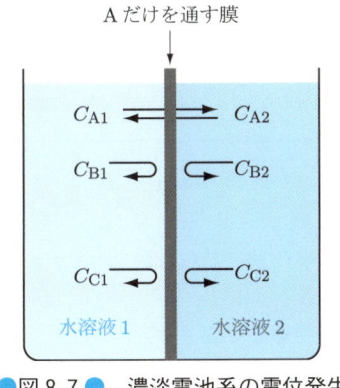

(b) イオン選択性電極

イオン選択性電極はイオンセンサーともよばれ，比較電極と本電極の間の電位差が特定のイオンに応答する．イオン選択性電極の主要部分は，特定のイオンを選択的に透過するイオン選択性膜であり，電極外部の水溶液中にある測定対象のイオン濃度と，電極内部のイオンとの濃度差によって膜電位が発生することを原理としてイオン濃度が決定される．図 8.8 に示すように，イオン選択性膜としては，ガラス薄膜 (a)，固体膜 (b)，担体に

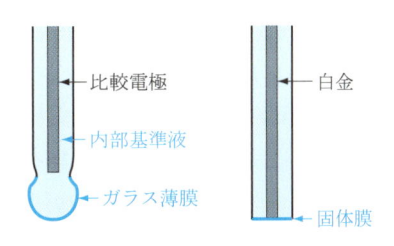

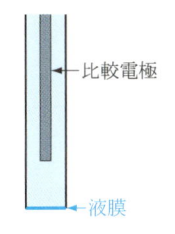

● 図 8.7 ● 濃淡電池系の電位発生

● 図 8.8 ● 種々のイオン選択性電極

[20] E^0_A は両側とも同じなので，打ち消し合って消える．

染みこませた液膜 (c) などが用いられる.

① ガラス電極

ガラス電極の構造を図 8.8 (a) に示した.

pH を測定するためのガラス電極は，実験室で最も一般的な電極の一つである．この電極は水素イオン透過性の薄膜によって内部液と隔てられている．電極が濃度 a_{H^+}（電極内部の濃度：$a^0_{H^+}$）の水溶液に接触したときの膜電位 E は，ガラス薄膜の内部と外部の間の水素イオン H^+ の濃淡に比例し，次のように表される．

$$E = \frac{RT}{F} \ln \frac{a_{H^+}}{a^0_{H^+}} \tag{8.30}$$

$a^0_{H^+}$ が既知のとき，たとえば 0.1 mol dm^{-3} であれば，膜電位 E は次のようになる．

$$\begin{aligned}E &= \frac{RT}{F} \ln \frac{a_{H^+}}{a^0_{H^+}} = \text{const} + \frac{RT}{F} \ln a_{H^+} \\ &= \text{const} - 0.0591\,\text{pH}\,(25℃)\end{aligned} \tag{8.31}$$

② 固体膜型電極

固体膜型電極では，ガラス薄膜の代わりに固体膜を用い（図 8.8 (b) 参照），固体膜の透過性を制御することにより選択性を付与する．たとえば，塩化銀 AgCl にごく少量の硫化銀 Ag$_2$S を溶かした固体（固溶体）は，塩化物イオン Cl$^-$ に選択的に応答する．これは塩化銀の結晶中の塩化物イオンが硫化物イオン S^{2-} に置き代わることによって塩化物イオンが不足し，ちょうど塩化物イオンを透過する孔ができるためと考えるとわかりやすい（ただし，実際には証明されていない）．図 8.9 にこの薄膜の様子を示す．塩化銀/硫化銀の薄膜をガラス電極のガラス薄膜と同様に使用すると，膜の両側の目的イオン濃度の差によって電位が発生し，目的イオンの濃度の対数に比例した電圧を取り出すことができる[*21].

③ 液膜型電極

二つの液体を仕切る薄膜として，目的物質と親

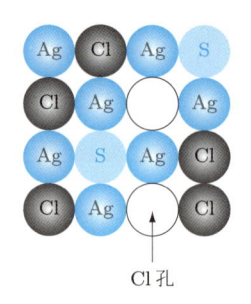

●図 8.9● 塩化物イオン透過性固体薄膜

和性が高く，測定対象溶液に溶解しない物質を不活性な多孔性の膜に溶かした液膜を用いることも可能である（図 8.8 (c) 参照）．

たとえば，アルキルリン酸ナトリウム (RO)$_2$PO$_2$Na を有機膜に染みこませた液膜を用いた電極では，溶液中のカルシウムイオン Ca^{2+} が液膜中のアルキルリン酸ナトリウムと反応し，アルキルリン酸カルシウム [(RO)$_2$PO$_2^-$]$_2$Ca^{2+} を生成する．この化合物は可逆的に生成するため，膜の両側のカルシウム濃度が異なるとき，有機リン酸カルシウムがカルシウムイオンの輸送媒体としてはたらく．結果的に，この液膜はカルシウムイオン透過性となるため膜電位が発生する．このときの膜電位はカルシウムイオンの濃度差に比例する．この様子を図 8.10 に示す．

①〜③のいずれの電極においても，イオン透過性膜によって電極内部と外部が隔てられている．

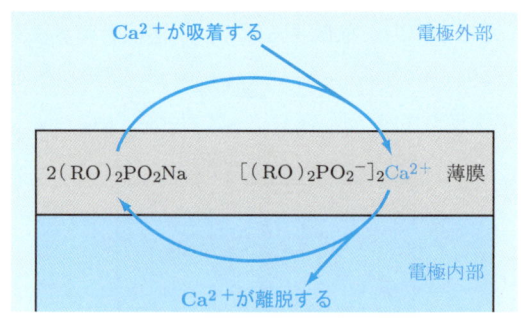

●図 8.10● 液膜型電極の反応の様子

このとき，膜をイオンが透過しようとする駆動力が生じるが，この駆動力こそがイオン透過性膜の

[*21] 同様に，Br$^-$ イオンの測定には，AgBr 膜に Ag$_2$S を少量溶かした膜（AgBr/Ag$_2$S）が，I$^-$ イオンの測定には，AgI/Ag$_2$S が用いられる．

両側の電位差を与える．したがって，イオンを通さない膜では電位差はまったく発生しない．イオンセンサーのほかに，電位差分析法の応用として，酸素センサー，過酸化水素センサー，酵素センサーなどがある．

8.2.2 電気伝導度分析法

水溶液中に白金 Pt や金 Au のように不活性な金属電極を2本挿入し，水溶液の電気伝導度（伝導度）または水溶液の抵抗を測定すると，水溶液中に溶存する成分を測定することができる．この方法を電気伝導度分析法（コンダクトメトリー：conductmetry）とよぶ．

水溶液の伝導度は水溶液中に含まれるイオンに起因し，通常はイオンの関与する定量に用いることが多い．しかし，原理からもわかるように水溶液の電気抵抗を計るだけなので，溶存成分が何であるかという情報を得ることはできない．

水溶液の電気抵抗 R は電極表面積 A [cm^2]，電極間の距離 L [cm] のとき，次式で表される．

$$R = \rho \frac{L}{A} \quad [\Omega] \tag{8.32}$$

ここで比例定数 ρ を抵抗率とよび，$\Omega \cdot$cm の次元をもつ．電極の面積および距離がそれぞれ 1 cm^2，1 cm のとき，電気抵抗 R は次のようになる．

$$R = \rho \quad [\Omega] \tag{8.33}$$

抵抗率 ρ の逆数を伝導率 κ とよぶ．伝導率は $\Omega^{-1} \cdot$cm^{-1} の次元をもつ．電気化学では Ω^{-1} がよく出てくるので，これをジーメンス（S，1S = 1Ω^{-1}）で表し，伝導率は S$\cdot$m^{-1} や S$\cdot$cm^{-1} のように表される（実際，こちらがよく用いられる）．

したがって，式(8.32)は次のようになる．

$$R = \rho \frac{L}{A} = \frac{1}{\kappa} \cdot \frac{L}{A} \quad [\Omega] \tag{8.34}$$

κ を試料の抵抗とセルのサイズなどから求めることは困難なので，既知の伝導率 κ^* をもつ試料（塩化カリウム水溶液など）から次のようにセル定数 K を求める．試料溶液の伝導率 κ は，水溶液の抵抗が X ならば次式で求められる．

$$\kappa = \frac{K}{X} \quad [\text{S} \cdot \text{cm}^{-1}] \tag{8.35}$$

測定によって求めた κ はイオンの数に比例するので，1 mol 当たりの伝導率であるモル伝導率 Λ_m は次式で表される．

$$\Lambda_\text{m} = \frac{\kappa}{c} \tag{8.36}$$

モル伝導率の単位は，モル濃度が mol$\cdot$L^{-1} であるので S$\cdot$m^{-1} (mol$\cdot$L^{-1})$^{-1}$ のように表され，整理すると mS$\cdot$m^2 mol^{-1} という単位でも表される．表 8.2 に代表的なイオンのイオン伝導率の値を示す．ここからもわかるように，水素イオン H$^+$ および酸化物イオン OH$^-$ の伝導率は極めて大きいことがわかる．

実際の測定では図 8.11 に示すような装置を用いる．この装置は，試料溶液中に白金やステンレス鋼などの金属電極を一定間隔で向かい合わせになるように2本入れてある．試料溶液を電気分解してしまう効果を最小限にするために交流電圧を印加し，得られる電流から試料溶液の伝導度を求める．伝導率が既知の水溶液の測定値と比較することで試料溶液の伝導率を測定する．温度補償を行い，25℃に換算した伝導度が表示される装置

■表8.2■　イオン伝導率 Λ [mS$\cdot$m^2 mol^{-1}]

カチオン	Λ	アニオン	Λ
水素イオン H$^+$ （オキソニウムイオン H$_3$O$^+$）	34.96	水酸化物イオン OH$^-$	19.91
ナトリウムイオン Na$^+$	5.01	塩化物イオン Cl$^-$	7.64
マグネシウムイオン Mg^{2+}	10.60	硫酸イオン SO$_4^{2-}$	16.00
アンモニウムイオン NH$_4^+$	7.35	炭酸水素イオン HCO$_3^-$	5.46

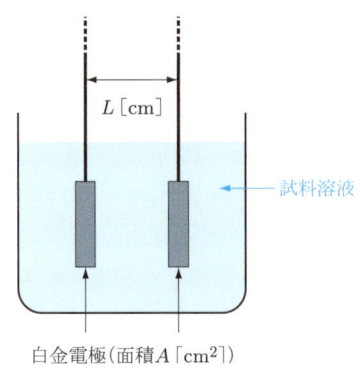

●図 8.11● 溶液電導度の測定系の例

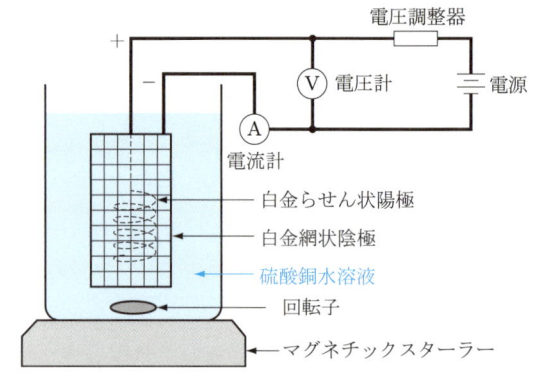

●図 8.12● 電解重量測定装置の概略図

が多い．

伝導度測定法は広範囲の測定ができることから，蒸留水やイオン交換水の製造管理，上下水道の水質管理，河川水の水質監視をはじめ，種々の製造プロセスのモニタリングに利用されている．

8.2.3 電解分析法

電解質成分を含む水溶液に電極を入れ，ここに電圧を徐々に印加していくと，電解質が電気分解されることにより電流が流れる．この現象を利用した分析法が電解分析法であり，電解重量分析法と電量分析法の 2 種類がある．

(a) 電解重量分析法

電解電圧は電解質の成分によって異なる．電気分解を最後まで行って，電極上に析出した成分の質量を測定することにより，電解された成分が定量できる．これを電解重量分析法という．

電解重量分析法では，二つの白金電極間に印加する電圧を一定の値に設定し（定電圧電解法），電気分解が終了したのち，すなわち電流が流れなくなったのち，電極の質量を測定することによって定量を行う．

電気分解反応について調べてみる．代表的な装置図を図 8.12 に示す．この図では，硫酸銅 $CuSO_4$ の水溶液中に 2 本の白金電極が浸してある．白金網状電極を陰極とし，陽極である白金らせん状電極を取り囲むように置く．水溶液の中には，水のほかに水素イオン H^+，硫酸イオン SO_4^{2-}，銅イオン Cu^{2+} などが存在している．

陰極と陽極の間には外部電源から電圧が供給されているので，陰極に銅イオンが近づくと次のような電極反応が起こる．

$$Cu^{2+} + 2e^- \longrightarrow Cu(s) \tag{8.37}$$

$$2H^+ + 2e^- \longrightarrow H_2(g) \tag{8.38}$$

一方，陽極では以下のような酸化反応が起こる．

$$H_2O \longrightarrow 2H^+ + O_2 + 2e^- \tag{8.39}$$

結果的に，陽極では水分子の酸化反応により酸素ガスと水素イオンが発生し，陰極には銅イオンが析出する．もちろん，このときに陰極と陽極で反応する電子の数は等しい．

電気分解の終了後，電極を洗浄し乾燥させてから質量を量り，析出した銅を定量する．

(b) 電量分析法

電解するためにどのくらいの電気量（クーロン量）を要したかを測定することにより，電解された成分の量を測定する方法をクーロメトリーあるいは電量分析法という．電量分析法は，電解重量分析法と同じ電極系で測定され，測定法についても定電流法と定電圧法がある．

測定は電流値を精密に測定することにより行うが，電解効率 100% で電気分解を行ったときの電気量から目的物質を定量する方法をとくにクーロメトリーとよぶ．この方法は，電気量と物質量が 1 : 1 で対応することから絶対量が測定できる分

析法の一つである．電量分析法は標準溶液や検量線の作製などが不要である．

電解重量分析法では，電極上に析出した物質の質量を測定することにより定量分析が可能であった．しかし，電気分解の効率が100％の条件では，析出した物質の量は電気分解に要した電気量に直接比例するので，質量を測定する代わりに電気量を測定すれば定量分析可能であることがわかる．

また，電量分析法の特徴として，電極上に析出しないような還元反応にも応用できることがあげられる．たとえば，鉄イオンの還元や有機溶媒中の水分など固体以外の物質にも適用可能である．次式

$$M^{n+} + ne^- \longrightarrow M(s) \tag{8.40}$$

の場合，1 mol の物質 M を析出するのに要する電気量は，n 個の電子を反応に要することから nF クーロンである．したがって，分子量 m の物質 W g を生成するのに要する電気量 Q は次のようになる．

$$Q = nF\frac{W}{m} \quad [クーロンC] \tag{8.41}$$

ここで，F はファラデー定数（96485 C mol^{-1}）である．

また，電気量は電流を時間で積分したものであるので，たとえば，時間に対する信号強度を記録する x-t レコーダーに電流に比例した電圧を描かせ（図8.13参照），この曲線の下の面積を求めればよい．

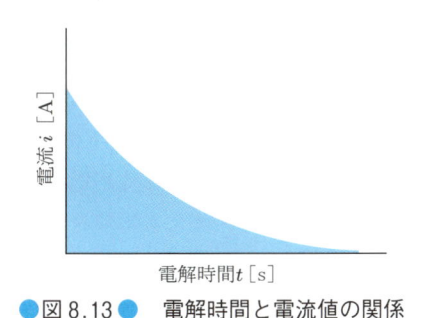

8.2.4 ボルタンメトリー

水溶液の電気分解では，電解質を含む試料溶液に電極を入れ，その両極間の電圧を徐々に上昇させると，ある電圧以上で電流が流れ出す．これは，冒頭の例では水が電気分解されたためである．電流が流れ出す電圧は，電解質の成分によって異なる．これを定量的に測定するため，適当な電極に一定の電圧を印加し，そのときに流れる電流を記録する方法をボルタンメトリーといい，水溶液中のイオン種の微量分析に用いられる．この方法の仲間には，高感度ボルタンメトリーや直流および交流ポーラログラフィーなどがある．

(a) ボルタンメトリーの装置

水の電気分解の場合，陽極，陰極とも不活性な電極を用いて行い，一方の極に対する他方の極の電圧が1.5 V付近を越えると電気分解が始まった．しかし，この電圧は一方の極が他方の極に対する電圧であり，たとえば，ほかの反応との酸化還元反応の起こりやすさを表すものではない．

ボルタンメトリーでは，注目する電極の電位の絶対値を比較電極に対して測定し，比較電極に対して作用電極（WE, working electrode）の電位を常に監視しながら電気分解する．これにより，一定の電位で電気分解が可能となる．

ボルタンメトリーを行う装置の例を図8.14に示す．作用電極表面で進行した電気分解反応による電流と同じ電流が比較電極に流れることにより，比較電極の電位が変わってしまうことがある．そこで第三の電極として対極（CE, counter elec-

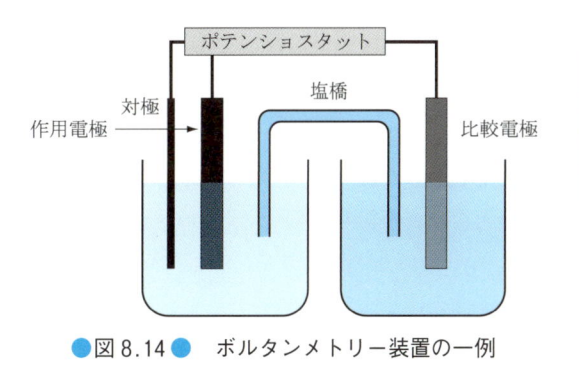

● 図8.13 ● 電解時間と電流値の関係

● 図8.14 ● ボルタンメトリー装置の一例

trode）を用い，作用電極に流れる電流の反対の電流を流し，電流の受け皿とする．

このようにすると，作用電極表面で起こる酸化還元反応を，基準電位を与える比較電極に対する電位として電流値を含めて測定することが可能となる．このような電極配置を三電極方式という．作用電極の電位を規定しながら電流値を測定する装置をポテンショスタットという．

(b) ボルタンメトリーの実際

ヘキサシアノ鉄（II）酸イオン[*22]$[Fe^{II}(CN)_6]^{4-}$のサイクリックボルタンメトリー（後述）を例に本法を説明する．ヘキサシアノ鉄（II）酸イオンは，式(8.42)のように銀/塩化銀電極に対して0.36 V以上の電圧で電気分解され，ヘキサシアノ鉄（III）酸イオン[*23]$[Fe^{III}(CN)_6]^{3-}$ となる．水溶液中のヘキサシアノ鉄（II）酸イオンおよびヘキサシアノ鉄（III）酸イオンの酸化還元反応は，電極表面で次式のように進行する．

$$[Fe^{II}(CN)_6]^{4-} \rightleftarrows [Fe^{III}(CN)_6]^{3-} + e^- \quad (8.42)$$
$$E^0 = 0.36 \text{ V}$$

この半反応に対応するネルンストの式は，次式で与えられる．

$$E = E^0 + \frac{RT}{F} \ln \frac{a_{ox}}{a_{red}} \quad (8.43)$$

ただし，

$$[Fe^{II}(CN)_6]^{4-} = a_{red}$$
$$[Fe^{III}(CN)_6]^{3-} = a_{ox}$$

である．標準電位は，酸化体および還元体の活量がいずれも1の場合の電位である．酸化還元で移動する電子数，すなわち電流は，活量でなく濃度に比例するので，ネルンストの式（式(8.43)）を濃度で表記したほうが便利である．式(8.43)を書き換えて次式が得られる．

$$E = E^{0\prime} + \frac{RT}{F} \ln \frac{C_{ox}}{C_{red}} \quad (8.44)$$

ここで $E^{0\prime}$ は見かけ電位（formal potential）とよばれる．

実際の測定では，図8.15のように作用電極の電位を一定の走査速度で初期電位から折り返し電位まで正の方向へ変化させ，さらに低電圧側の折り返し電圧まで下降させ，再び初期電位まで戻す．この方法をサイクリックボルタンメトリーとよび，このような電圧の時間変化の様子を三角波という．

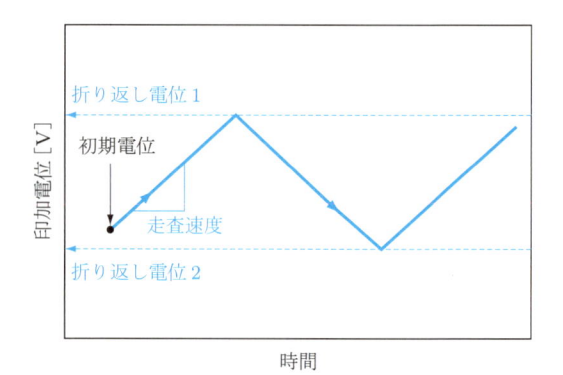

●図 8.15● ファンクションジェネレーターの波形

電極電位が所定の値になると，水溶液中のヘキサシアノ鉄（II）酸イオンが酸化されることによるファラデー電流[*24]が流れる．電位を負の方向へ折り返すと，電極界面に生成したヘキサシアノ鉄（III）酸イオンは還元されて，再びヘキサシアノ鉄（II）酸イオンに戻る．目的物質が電極表面へ拡散によってのみ移動するよう，無関係な塩である支持電解質を加え，水溶液が静止した状態で電気分解を行う．

ヘキサシアノ鉄（III）酸 $Fe^{III}(CN)_6$ のボルタンメトリーのための装置は図8.14に示したものを用いる．作用電極にはグラッシーカーボン電極，比較電極には銀/塩化銀電極，対極には白金線を用い，これらをポテンショスタットに接続する．この装置は，比較電極に対する作用電極のある設定値に保ち，そのときに流れる電流を測定するも

[*22] 「フェロシアン化イオン」ともよばれる．
[*23] 「フェリシアン化イオン」ともよばれる．
[*24] ファラデー電流は，溶液中の化学種の酸化・還元にともなう電子移動に起因する電流である．

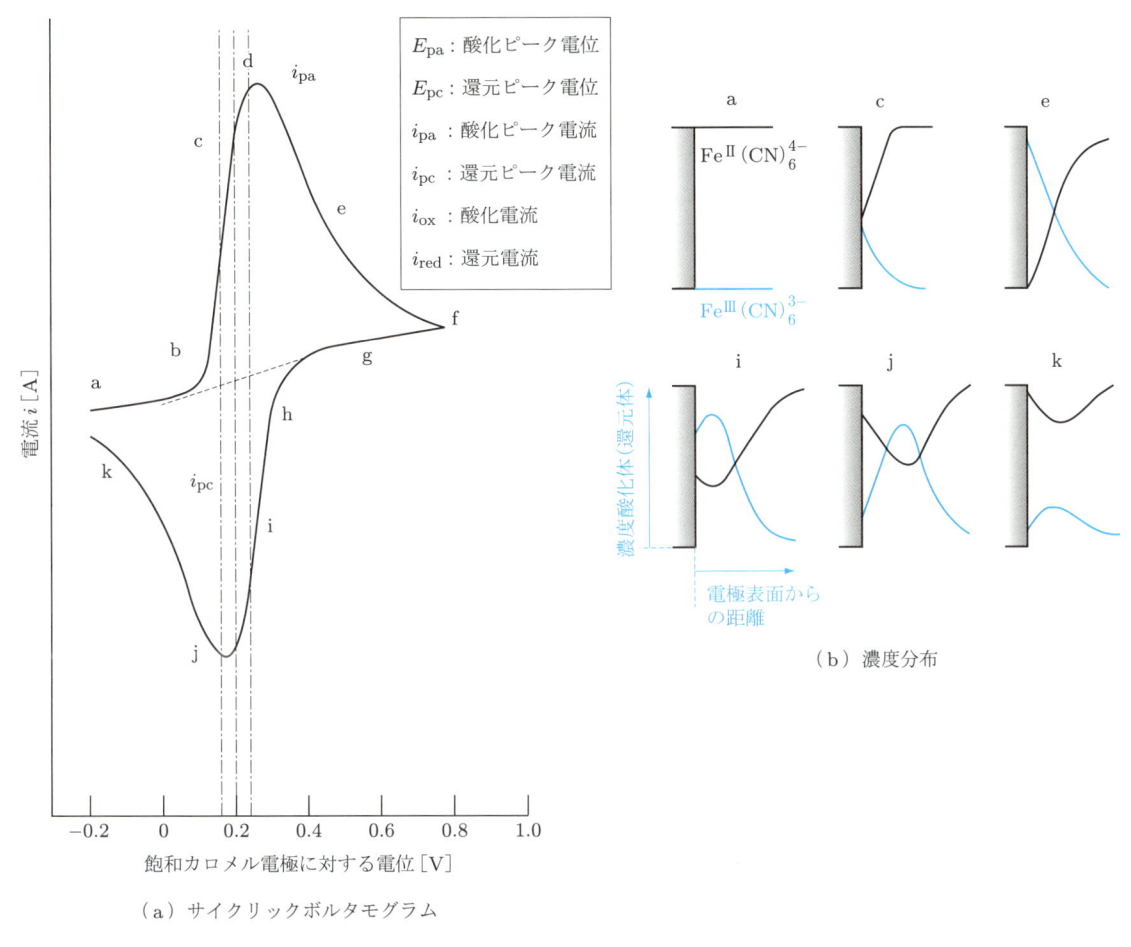

●図 8.16 ● ヘキサシアノ鉄（Ⅱ）酸のサイクリックボルタモグラムと電極表面近傍での
ヘキサシアノ鉄（Ⅱ）酸イオンとヘキサシアノ鉄（Ⅲ）酸イオンの濃度分布

のである．ポテンショスタットには図 8.15 に示したような三角波を印加し，印加電圧と電流を記録する．このようにして得た電流・電圧曲線をサイクリックボルタモグラムといい，例を図 8.16 に示す．

図 8.16 は，電圧を E_i（図中では -0.2 V）から E_r（図中では 0.8 V）の間で繰り返し変化させながら作用電極に流れる電流を測定し得られる曲線である．E_i を初期電位，E_r を折り返し電位という．ヘキサシアノ鉄（Ⅱ）酸イオンは，電位を上昇させるにしたがってヘキサシアノ鉄（Ⅲ）酸イオンに 1 電子酸化される．すなわち，0.1 V 付近からヘキサシアノ鉄（Ⅱ）酸イオンが酸化されるための電流が流れはじめ 0.25 V 付近で極大値を与え，その後徐々に減少する（図中の a → f）．また，折り返し電位に到達し，電位を逆方向に走査すると，電極表面では逆の反応が起こり還元電流が流れる．このときは 0.45 V 付近から逆向きの電流が流れはじめ 0.15 V 付近の電圧で負のピークを与える（図中の f → k）．ピーク電流 i_p は物質の濃度に比例するので，定量分析が可能である．

演・習・問・題・8

8.1 銀/塩化銀電極の反応は

$$AgCl(s) + e^- \rightleftarrows Ag + Cl^-$$

で示される．この反応の電極電位 E を求めよ．ただし，$E^0_{Ag/AgCl} = 0.222$ V，塩化カリウム NaCl の濃度は 4.0 mol dm^{-3}，ファラデー定数 $F = 96500$，温度 $T = 298$ K とする．

8.2 三電極式ボルタンメトリーの原理と装置構成について述べ，二電極方式との違いを説明せよ．

8.3 ガスセンサー，イオンセンサーなどの化学センサーでは，試料濃度の対数と出力電圧の間の関係は直線となるが，その傾きは一定である．この勾配を計算せよ．ただし，ガス定数 $= 8.31$ J mol^{-1} T^{-1}，温度 $T = 298$ K，ファラデー定数 $F = 96500$ とする．

8.4 フェノールは，陽極で電解発生させた臭素 Br を用いる電量滴定（電気量を測定することにより物質量を求める方法）で定量できる．滴定反応は次式のとおりである．

$$2Br^- \longrightarrow Br_2 + 2e^-$$

25 mA の定電流で電気分解したところ，滴定時間は 300 秒であった．滴定されたフェノールの量 [mg] はいくらか．ただし，1 F = 96500 クーロン，各原子の原子量は，炭素 C：12，水素 H：1，酸素 O：16，臭素 Br：80 とする．

8.5 pH が 3 の水溶液と 5 の水溶液では，ガラス電極の起電力の差はどのくらいか．また，それぞれの水溶液の水素イオン濃度 [H$^+$] は何倍違うか．

8.6 伝導率測定用セルに濃度 0.1 mol dm^{-3} の塩化カリウム水溶液を入れ，25 ℃ でその抵抗を測定したところ 140 Ω であった．この水溶液の伝導度 κ を 0.013 Ω^{-1} cm^{-1} とし，次の問いに答えよ．

(1) このセルのセル定数を求めよ．
(2) 同じ温度で，このセルに濃度 0.3 mol dm^{-3} の塩化アンモニウム水溶液を入れたときの抵抗値が 30.0 Ω であったとき，この塩化アンモニウム水溶液の伝導度とモル伝導率はいくらか求めよ．

第9章
クロマトグラフィー

本章ではクロマトグラフィーの概念と基本原理を説明し，いくつかのタイプのクロマトグラフィーを紹介する．クロマトグラフィーは一般的に，試料中の成分を固定相と移動相の二つの相に分配することで分離する方法である．複雑な混合物の分離・分析方法として，クロマトグラフィーよりも有用な方法はないといっても過言ではない．

KEY WORD

| 液体クロマトグラフィー | ガスクロマトグラフィー | 薄相クロマトグラフィー | 保持時間 | 理論段数 |
| HETP | キャパシティーファクター | 分離係数 | 分離度 | 被検成分添加法 |

9.1 クロマトグラフィーの基本概念

クロマトグラフィー（chromatography）とは，一言でいえば，液体や気体などの移動相とよばれる相と，シリカゲルなどの固定相とよばれる相の間で溶質が分配することを利用した分析法である[*1]．溶質が固定相に分配しやすいものほど時間が経ってから検出される．

クロマトグラフィーの概念を図9.1に示す．図の下部は固定相，上部は移動相であり，それらの間で溶質が分派していることを示した．移動相は，左から右に時間とともに送られる．移動相の移動とともに溶質も移動するが，溶質の移動の速度は溶質と固定相との間の相互作用が強いほど遅くなり，検出されるまでの時間もかかる[*2]．

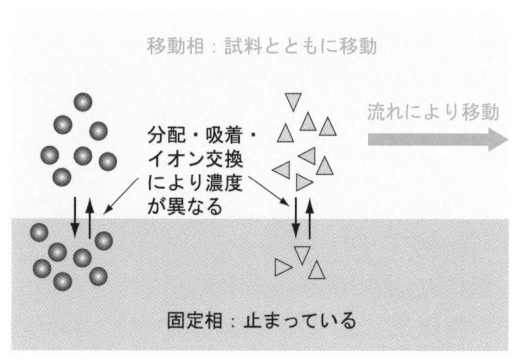

● 図9.1 ● クロマトグラフィーの概念図
●や△は試料分子を表している．

[*1] 旧ソ連の科学者ツヴェット（M. C. Tswett, 1872-1919）は，1906年，植物葉の抽出液をカラムで分離し，葉に含まれる袖手の着色成分を分離する方法を見いだした．彼はこの方法を，ギリシア語で「色」や「描く」を意味する chromatography と名付けた．
[*2] 図9.1は，移動相の濃度の大きなもの（△）は移動相とともに移動しやすいことも示している．

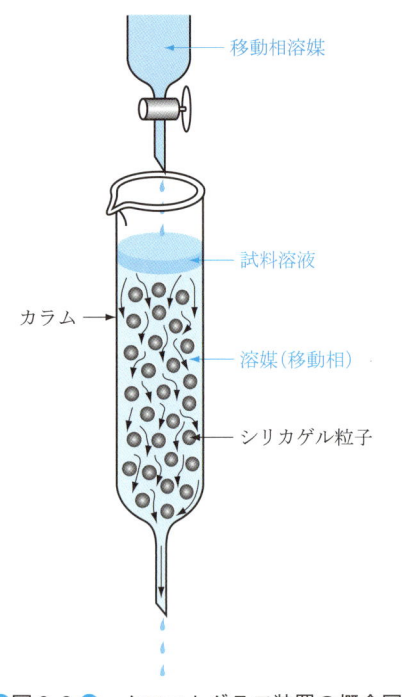

●図9.2● クロマトグラフ装置の概念図
（→：移動相の移動方向）

クロマトグラフィーの分離の様子を直感的に把握するため，図9.2のような装置を考える[*3]．

まず固定相として，たとえばシリカゲル粒子を充填したカラムを考える．固定相の隙間にはカラム固定相液体と混ざらない溶媒（移動相）があらかじめ満たされている．移動相溶媒に溶解する試料溶液はカラム上端に加える．移動相溶媒を加えることにより，試料を含む移動相溶媒はカラム下方に向かって移動する．

最終的に，試料はカラムの出口から溶出することになるが，カラムを下に流下するときに，試料は図9.1で示したように固定相液体と移動相液体の間で分配を繰り返しながら移動する．そのため，固定相に親和性の高い成分は，移動相に親和性の高い成分よりも移動が遅い．逆に，固定相に親和性の低い成分は速く移動することになる．これが分離の原理である．

9.2 クロマトグラフィーの分類

クロマトグラフィーのイメージを図9.1に示したが，クロマトグラフィーは移動相の種類や分配機構によっていくつかのタイプに分類される．本節では，実際の装置ごとにそれぞれのタイプを分類し説明する．

9.2.1 移動相の種類による分類

クロマトグラフィーの移動相には液体と気体が考えられる．それぞれを用いた代表的なクロマトグラフィーには3種類ある．

(a) **液体クロマトグラフィー**
（LC, liquid chromatography）

固定相として，固体または不活性な固体（担体）[*4]上に結合した液体（液相）を用い，移動相には液体を用いる．

(b) **ガスクロマトグラフィー**
（GC, gas chromatography）

移動相に気体を用い，固定相には固体または担体上の液相を用いる．

(c) **薄層クロマトグラフィー**
（TLC, thin-layer chromatography）

ガラスやプラスチックなどの板上にシリカゲル，ポリアミド，セルロースなどの粒子を塗布したもので，移動相は液体である．移動相は毛管現象によって微粒子間を上昇し分離される．薄相クロマトグラフィーは液体クロマトグラフィーの一種と考えられるが，装置の形態がまったく異なる．

これらの分離[*5]を実現するための装置の詳細については，個々の項目で述べる．

[*3] クロマトグラフィー，クロマトグラム，クロマトグラフの違いについて：「～グラフィー」は方法の名前，「～グラム」は得られたチャートのこと，「～グラフ」は装置の名前である．

[*4] 不活性な固体としてはシリカゲルが用いられ，液相としてはシリカゲルにオクタデシル基 $C_{18}H_{37}-$ を化学結合させたものがよく用いられる．

9.2.2 分配機構による分類

溶質の移動相と固定相の間での分配機構によって，クロマトグラフィーは次のように分類される．

(a) 吸着クロマトグラフィー

固定相はシリカゲル，アルミナ，活性炭などの固体で，その表面上に試料成分が吸着（adsorption）される．移動相は液体か気体であり，試料成分は吸脱着によって二相間に分配（partition）される．たとえば，シリカゲルを固定相とした薄層クロマトグラフィーは吸着クロマトグラフィーの一つである．

(b) 分配クロマトグラフィー

固定相は不活性な固体に保持された液体で，移動相は液体（LC）または気体（GC）である．セルロースを固定相とした薄層クロマトグラフィーは分配クロマトグラフィーの一つであり，セルロースに保持された水が固定相の役目をする．

(c) サイズ排除クロマトグラフィー

サイズ排除（size exclusion）クロマトグラフィーでは，溶媒和された分子が固定相の小さなふるいの目の中に取り込まれる程度によって分離される．すなわち，小さな分子では固定相内部までもぐり込めるので結果的に固定相に多く分配され，大きな分子ではそのまま通過する．

(d) イオン交換クロマトグラフィー

固定相はイオン交換（ion exchange）樹脂であり，分離はイオン交換平衡に基づいて行われる．

実際のクロマトグラフィーでは，ただ一種類の分配機構がはたらいているとはいえず，複数の分配機構の混合と考えられている．

9.3 ガスクロマトグラフィー

ガスクロマトグラフィーは，1952年にマーチン[*6]らによって発明されて以来，環境中の農薬やダイオキシンの測定をはじめ，室内環境測定，医薬品，石油化学など多くの分野で利用されてきた．1℃以下の沸点差しかない試料も，本分析法によれば容易に分離することができる．

ガスクロマトグラフィーには，固定相の種類により気-固（吸着）クロマトグラフィーと気-液クロマトグラフィーの二つの型がある．

一般的に，複雑な有機化合物の混合試料の分離には気-液クロマトグラフィーがよく用いられる．気-固クロマトグラフィーは気体試料の分離に用いられている．

常温から200～300℃の間で気化，あるいは気化しえる誘導体になりえる化合物は，ガスクロマトグラフィーにより高分解能で分離・検出が可能である．また，ガスクロマトグラフィーでは種々の高感度・選択的な検出器が数多く存在しており，揮発性試料に対する極めて強力な分析ツールである[*7]．

9.3.1 ガスクロマトグラフィーの概要

ガスクロマトグラフィーで用いられる試料と移動相は気体である．したがって，試料は気体，または気化しえるものである必要がある．

移動相には窒素ガスやヘリウムガスなどの不活性な気体を用いることが多く，これらの気体はキャリヤーガス（carrier gas）とよばれる．

固定相は通常，珪藻土，表面を酸処理や$(CH_3)_3Si$- 基や$(CH_3)_2Si$- 基を導入（シリル化処

[*5] 歴史的には，ろ紙クロマトグラフィー（paper chromatography）も存在する．ろ紙クロマトグラフィーは，ろ紙中に含まれる水と移動相との間の分配がその分離原理である．
[*6] A. J. P. Martin (1910-2002)は，イギリスの生化学者である．クロマトグラフィーの業績により，イギリスの生化学者シンジ (R. L. M. Synge, 1914-1994)とともにノーベル化学賞を受賞している．
[*7] 一般的にガス状態の試料を分離するので，固定相には耐熱性のあるものが必要である．

理）したクロモゾルブ（珪藻土），耐火れんがなどのように不活性な担体に保持された不揮発性の液体が多く用いられる．固定相液体の極性により，種々のものが市販されている．

これまでに述べた原理を実現するため，多くのガスクロマトグラフは図9.3に示すような構成となっている．液体試料は，試料導入部からマイクロシリンジ*8によりカラム入り口である試料注入部に導入される．試料気化室で気化した試料は，キャリヤーガスによりカラムに導入される．試料が気化した状態で，試料中の各成分と固定相液体との間で分配平衡が達成されるようにカラムは恒温に保たれる．カラムで分配後，溶出された試料の成分は適当な検出器（9.3.3項参照）により検出される．検出のため，水素や空気などの補助ガスを用いることもある．

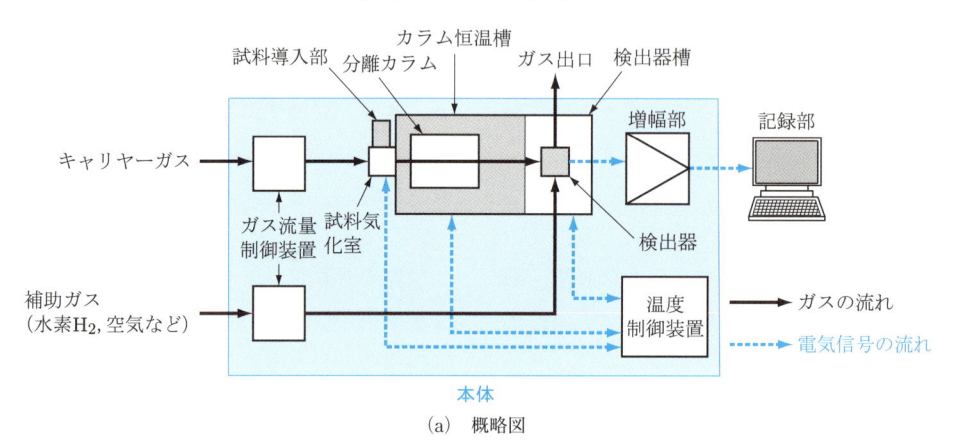

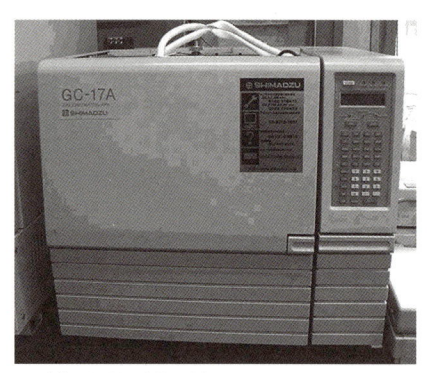

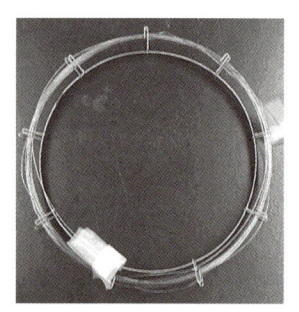

(a) 概略図

(b) 装置の外観（左からヘリウムガスボンベ，本体，カラム）

●図9.3● ガスクロマトグラフィーの基本構成

9.3.2 カラム

ガスクロマトグラフィー用カラム充填剤には，吸着型と分配型の2種類があり，吸着型充填剤では固定相として，シリカゲル，活性炭，アルミナ，合成ゼオライトなどを用いる．分配型充填剤では次に述べるように，種々の液相を固定相担体にコーティングしたものを用いる．

カラムは，通常内径 $3 \sim 6\,mm$，長さ $1 \sim 2\,m$ のステンレスまたはガラスチューブで，中に固定相を詰める．固定相は，クロモソルブに表9.1に示す液層をコーティングしている．カラム管は，一定恒温に保つためカラム恒温槽に置かれる*9．

---

*8 数マイクロリットルを測りとることのできる注射器状の装置である．

ガスクロマトグラフィー用には，極めて多くの種類の固定相が市販されている．カラム液相の種類は，基本的には耐熱性の高い液体で，極性により種々のものがある．表9.1に市販されている液相とその特徴を示す．実際には数百種類の固定相が市販されており，その中から試料の特性に応じて使い分ける[*10]．

■表9.1■ 固定相液体の例

固定相液体	化合物	使用可能温度 [℃]	分析対象
スクアレン	分枝飽和炭化水素	20～100	脂肪族炭化水素
SE-30	ポリメチルシロキサン	50～350	高沸点の脂肪族炭化水素
アピエゾン-L	分枝飽和炭化水素混合物	50～350	高沸点の脂肪族炭化水素
DOP	フタル酸ジオクチルエステル	20～160	炭化水素，アルコール，エステル
QF-1	フロロシリコーン	～250	高沸点化合物
PEG20M	ポリエチレングリコール	60～225	アルコール，エステル，ケトン，アルデヒド
DEGA	ジエチレングリコールアジピン酸エステル	0～200	アルコール，エステル

9.3.3 検出器

ガスクロマトグラフィー用として極めて多様な検出器が開発されており，次の二つに分類される．

- 多くの物質に対して感度を有する汎用検出器
- 特定の物質群にのみ選択的に応答する選択的検出器

表9.2に代表的なガスクロマトグラフィー用検出器とその特徴を示す．

(a) 熱伝導度型検出器

熱伝導度型検出器（TCD, thermal conductivity detector）は，検出器の抵抗体の周囲にキャリヤーガスを流す構造であり，試料成分がキャリヤーガスとともに抵抗体に到達すると電気抵抗が変化することを利用して検出する．

本検出器は，ほとんどの無機ガス，有機ガスに対して検出感度を有する．分離された成分を破壊することもなく，構造も単純で堅牢であるなどの利点があるが，感度はそれほど高くない．

また，本検出器はガスクロマトグラフィー装置に付属してくることが多い．

(b) 水素炎イオン化型検出器

水素炎イオン化型検出器（FID, flame ionization detector）は，炭化水素化合物に対して高感度な検出器である．水素に空気を混合して燃焼させた炎（水素フレーム）中で有機化合物が燃焼するときに生じるイオン電流を測定する．本検出器

■表9.2■ ガスクロマトグラフィー用検出器

検出器の種類	キャリヤーガス	燃焼ガス	必要なガスの純度
熱伝導度型検出器	水素，ヘリウム，窒素，アルゴン	—	<99.9%
水素炎イオン化検出器	窒素，ヘリウム	水素+空気，酸素	<99.9%
電子捕獲検出器	窒素，ヘリウム	—	<99.99%
炎光光度検出器	窒素	水素+空気，酸素	>99.9%

---

*9 温度を徐々に上昇させながら分析を行う昇温分析法が用いられることもある．
*10 ガスクロマトグラフィーはクロマトグラフィーの中で最も歴史が古いため，種々の企業から固定相が市販され，それぞれ独自の名前がつけられている．そのため，固定相の名前から性質をすぐに判断することは困難である．

は構造が比較的簡単で感度が高く，応答の直線範囲も広いという優れた特性をもつ．水溶液の試料を注入することも可能である．

イオン電流の大きさは試料分子中の炭素数に比例する．本検出器は，ppbレベルでの有機化合物濃度の検出が可能である．しかし，水H_2O，酸素O_2，窒素N_2，二酸化炭素CO_2などをはじめとするほとんどの無機化合物には応答しない．

(c) 電子捕獲型検出器

電子捕獲型検出器（ECD, electron capture detector）は，有機ハロゲン化合物など電気陰性度の大きな原子を含む分子に高感度な検出器である．本検出器は，ハロゲン原子のような電気陰性度の大きな原子が，放射線との相互作用でイオン電流を減少させることを利用している．

本検出器のダイナミックレンジは狭いものの，親電子性原子を特異的に検出するため，有機ハロゲン化合物を含む環境汚染物質の高感度検出などに用いられる．

(d) 炎光光度検出器

炎光光度検出器（FPD, flame photometric detector）は，硫黄Sおよびリン化合物に対する高感度な検出器である．本検出器は水素炎イオン化型検出器と同様，水素フレームを用い，この中でこれらの元素が励起され発光するときの発光強度を測定するものであり，それぞれ特有の波長を透過する狭帯域通過光学フィルターを通して光電子増倍管で検出する．

クロマトグラム上で完全に分離した個々のピークについて，そのピークが何であるかを判定する（これを同定という）際，クロマトグラムからだけで判断するのは困難である．そのため，ガスクロマトグラフィーの出口を質量分析装置に接続したり，赤外吸収スペクトルをオンラインで測定するなどの定性情報を付加する試みがなされている．

9.3.4 ガスクロマトグラフのパラメーター

試料成分はカラムから流出した時点で検出されるが，信号は試料の濃度に比例した応答をする．通常，検出器の信号は時間に対してプロットされ，記録される．

図9.4に，ガスクロマトグラムと定性分析や定量分析の際によく用いられるパラメーターを示す．試料注入時からピークの頂点が出現するまでの時間を**保持時間**（retention time）t_r といい[*11]，装置の条件が一定であれば物質に固有の値となる．

ガスクロマトグラフィーでの定性分析は，保持時間に基づいて行う．すなわち，未知試料の同定では，直接，純物質をGCに導入し，その保持時間を試料と比較するか，試料に目的の純物質を添加して比較する．前者では保持時間を直接比較し，後者では試料の目的成分のピークのみが大きくなることでピークが何であるかを帰属する．

図9.4における t_m は，カラムに保持されない成分がカラムの隙間の体積分を通過するのに要する時間である．この隙間の体積を**死容積**（デッドボリューム：dead volume）という．

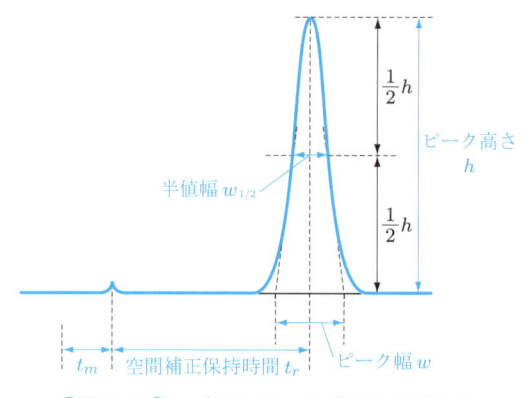

●図9.4● ガスクロマトグラムの種々のパラメーター

t'_r（$=t_r-t_m$）は**空間補正保持時間**（adjusted retention time）とよばれる．試料注入に少量の空気をカラムに送り込み，空気が保持されないピークとして検出されるが，このピークを t_m とすることが多い．また，w はピーク幅である．

[*11] 保持時間の代わりに保持容量 V_r（保持時間×キャリヤーガス流量）を用いることもある（ただし，その場合 w も容量に変換する）．空間補正保持時間にキャリヤーガス流速 [mL min^{-1}] を乗じたものを空間補正保持容量という．

クロマトグラムのピーク面積は物質の量に比例するので，未知物質中の目的成分の定量分析が可能である．もし，ピークが左右対称であれば，その面積はピーク高さと，その高さ h の 1/2 におけるピーク幅（半値幅 $w_{1/2}$）のかけ算によって求められる．

9.3.5 分離特性

カラムでの分離が，固定相と移動相の間での試料の分配平衡に基づいて行われることは 9.1 節で述べたが，実際のカラムでは試料が移動するにしたがって，次々と分配が起こっていると考えることができる．理論段（theoretical plate）とは，固定相と移動相との分配平衡の 1 過程に相当する．カラムの分離性能は理論段数によって表すことができ，大きな値をもつほど性能が高いとされる．すなわち，高い分離効率（小さな分配定数の差でも分離する）を得るためには，多くの理論段が必要である．

理論段数は，試料のクロマトグラムから式(9.1)によって求められる．

$$n = 16\left(\frac{t_r}{w}\right)^2 \quad (9.1)$$

ここで，n は特定の物質についてのカラムの理論段数，t_r は保持時間，w はピーク幅である．ピーク幅は，図 9.4 に示したようにピークの両側の変曲点に接線を引いて，それがベースラインと交わる点から求める．

理論段 1 段当たりの高さ HETP (height equivalent to theoretical plate) は，カラムの長さを理論段数で割ったものであり，1 理論段当たりのカラム長さを表す[*12]．単位は cm/段である．クロマトグラムのピーク幅が狭く鋭いものほど HETP は小さくなり，高い分離性能をもつ．高い分離性能をもつカラムは長さを短くすることが可能で，迅速に高分解能な分離が可能となる．通常の充塡型カラムの理論段数は数千段である．

物質の固定相に対する保持を表すキャパシティーファクター（capacity factor）k' は，次式(9.2)で表される．

$$k' = \frac{t_r - t_m}{t_m} = \frac{t'_r}{t_m} \quad (9.2)$$

分離係数（resolution）α は，任意の二つのピークの分離度合いを表し，式(9.3)で表される．

$$\alpha = \frac{t'_{r2}}{t'_{r1}} = \frac{k'_2}{k'_1} \quad (9.3)$$

また，よく使うパラメーターとして分離度 R_s がある．これは式(9.4)で表される[*13]．

$$R_s = \frac{2\Delta t_r}{(w_1 + w_2)} \quad (9.4)$$

ここで，Δt_r は二つのピークの保持時間の差（正の値をとるように選ぶ），w はピーク幅である[*14]．分離度が 1 のとき二つのピークは 2，3 % 重なり，1.5 以上ではほぼ完全に分離する．

二つのピーク幅が同じと仮定し，R_s を理論段数，α およびキャパシティーファクター k' に関連づけた式(9.5)もよく用いられる．

$$R_s = \frac{\sqrt{N}}{4} \cdot \frac{(\alpha - 1)}{\alpha} \cdot \frac{k'}{(k' + 1)} \quad (9.5)$$

分離度は理論段数の平方根に比例し，カラム長さを 2 倍にすれば分離度は約 1.4 倍になる．

9.3.6 ガスクロマトグラフィーによる定量分析

測定したい成分をガスクロマトグラフに注入し，分離・検出してクロマトグラムを描いたときに，ピーク面積はその成分量に比例している．定量分析を行う場合はピーク面積を測定する．

ガスクロマトグラフィーに限らず，クロマトグラフィーを用いた定量法では，一般的に次のような方法が用いられる．

[*12] HETP は理論段数 1 段を得るのに必要な長さである．高性能なカラムでは 1 段当たり数 μm となる．
[*13] 分離係数と同様に，分離度も単位のない値であるので，Δt_r と w は同じ単位とする．
[*14] 分離係数に単位はない．したがって，Δt_r と w は同じ単位とする．

(a) 内標準法
(b) 標準添加法
(c) 絶対検量線法

　ガスクロマトグラフィーでは試料注入量を厳密に一定にすることは難しいため，正確な定量のためには標準物質を試料溶液内にもつ内標準法を用いるのがよい．しかし，適当な内部標準物質が見つからない場合も多く，その場合は標準添加法，被検成分追加法，絶対検量線法などを選択する．

(a) 内標準法

　内標準法（図9.5参照）では，内部標準物質として次のような条件に当てはまる物質を用いる．

- 被検成分のクロマトグラムのピークの近くに出現する．
- 被検試料中に含まれない．
- 化学的に安定である．
- 高純度が得やすい．

　被検成分の標準物質に内標準物質の一定量を添加し，ガスクロマトグラフに注入してクロマトグラムを得る．二つの面積比を物質量の比に対してプロットすると，図9.5に示すような直線状の検量線が得られる．被検試料に内標準物質を添加し，クロマトグラムからピーク面積比を求め，検量線から被検成分量を求める．

　本法では，試料注入量を厳密に一定にする必要がなく，適当な内部標準物質を見つけることさえできれば，極めて精度が高い．

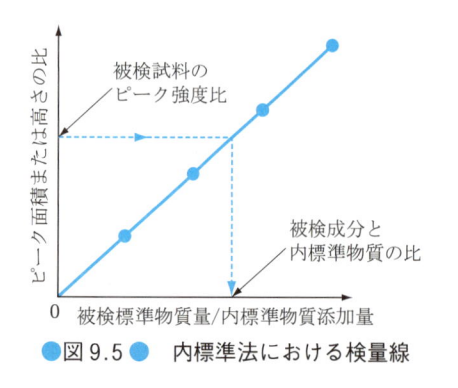

(b) 標準添加法

　標準添加法は，試料のマトリックス[*15]の影響が無視できない場合によく利用される方法である．試料の一定量を計りとり，既知量の被検成分を段階的に添加してクロマトグラムを測定する（図9.6参照）．添加量に対してピーク面積またはピーク高さをプロットすると切片をもった直線が得られる．目的成分量は外挿値 Δw に等しい．

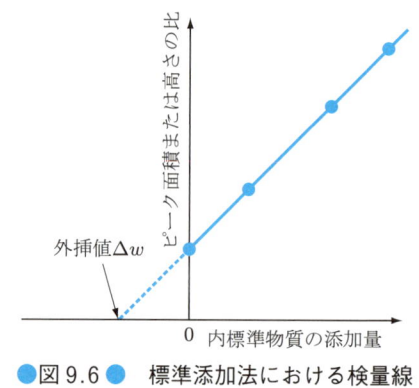

●図9.6● 標準添加法における検量線

(c) 絶対検量線法

　絶対検量線法による定量について，図9.7に示す．本法は簡便である反面，試料の注入量，カラム温度，注入温度，注入速度など条件を厳密に一定に保つ必要があり，マトリックスの影響を受けやすいといった欠点がある．

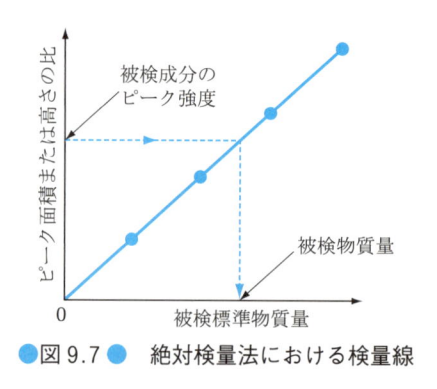

●図9.5● 内標準法における検量線

●図9.7● 絶対検量法における検量線

[*15] 試料中に含まれる測定対象物質以外のものをいう．

9.4 液体クロマトグラフィー

液体クロマトグラフィー（LC）は1970年代になって急速に発展し，現在では分離分析の主流となっている．LCは移動相に液体を用いる分離分析法の総称であるが，このうち高圧ポンプと高性能充塡剤を用いた高速液体クロマトグラフィー（HPLC, high performance liquid chromatography）[*16]が急速に発展し，現在では分解能，感度，迅速性ともにガスクロマトグラフィー（GC）に匹敵することもある．

LCにおいて，移動相の液体に溶解する物質は，常温から350℃のGC分離条件下で安定に気化可能な物質に比べてはるかに数が多い．また，測定温度が常温でよいため，生体関連物質のように高温にすることができない物質も分析可能である．このようにLCは，GCよりも多種多様な化合物を扱うことができるため急速に普及した．ここからは，LCの原理，装置，応用について説明する．

9.4.1 高速液体クロマトグラフィーの原理および装置

HPLCにおいても，9.2.2項で述べたような分配機構による分類がある．HPLCでは固定相の種類だけでなく，移動相の種類や組成も容易に変更できるため，分離する際の条件設定はGCよりも選択の幅が大きい．

図9.8にHPLC装置の基本構成を示す．図9.8（a）はHPLC装置の概略図であり，左から送液部，試料導入部，カラム，検出部，データ処理部で構成されている．試料導入部で移動相中に導入された試料溶液は，カラムに送られ，固定相と移動相の相での分配に対応して分離される．実際の装置の外観を図9.8（b）に示す．

次に，HPLC装置の各部について説明する．

(a) 送液部

溶離液[*17]を高圧ポンプでカラムに圧送する．

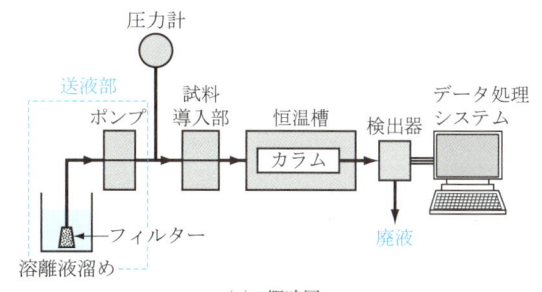

(a) 概略図

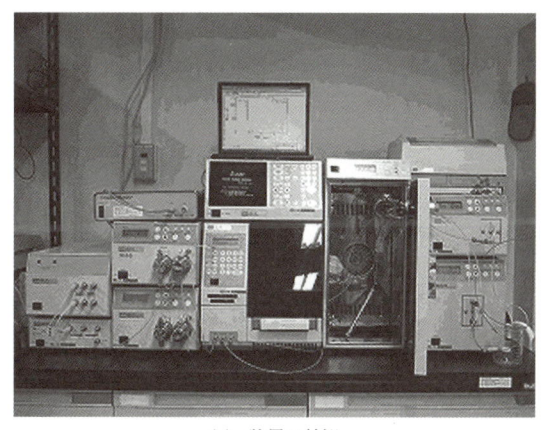

(b) 装置の外観

●図9.8● HPLC装置の基本構成

LCでは固定相充塡剤の隙間は極めて小さく，圧力損失が極めて大きくなるため，最高送液圧力が40 MPa程度の定流量高圧ポンプを用いる．

(b) 試料導入部

高圧下で試料導入が可能な試料導入装置（インジェクター）が分離カラムとポンプの間に配置される．最もよく用いられるのは，図9.9に示すような試料ループを備えた六方切り替えバルブである．

(c) 試料分離部

分離カラムには，通常内径2～4 mm，長さ5～30 cmのステンレス管を用い，3～10 μm程度の均一な充塡剤を充塡して用いる．必要に応じて，カラムは恒温槽などにより恒温に保たれる．

[*16] 現在，分析化学の領域で「液体クロマトグラフィー」というとHPLCのことをさす．
[*17] HPLCでは，移動相の液体のことをいう．

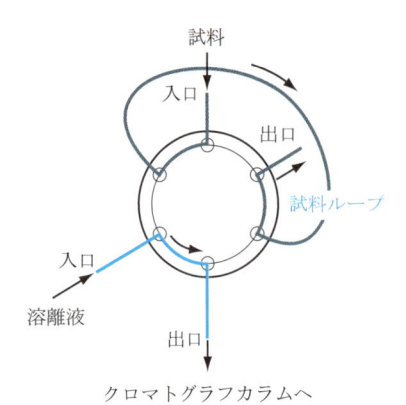

(a) 試料充填

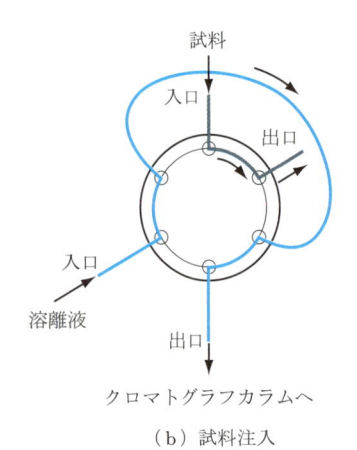

(b) 試料注入

●図9.9● ループ型試料注入器のしくみ

■表9.3■ 代表的なHPLC検出器

検出器の名称	特徴
示差屈折率検出器	・汎用性があるが，低感度である． ・ほぼすべての試料に応答する．
紫外・可視吸光検出器	・汎用性があり，高感度である． ・検出器にデフォルトで付属していることが多い．
蛍光検出器	・超高感度である． ・蛍光物質のみ測定可能である
電気化学検出器	・高感度である． ・電気化学的に活性なものだけが測定できる．
質量分析計	・情報量が極めて豊富である． ・高価である．

(d) 検出部

カラムで分離された試料は，適当な検出器により検出され記録される．HPLCでは移動相の液体中に溶解した試料を測定する．表9.3に示すような検出器が，試料の特性，得たい情報，感度などに応じて用いられる．それぞれの検出器の特徴については，次項で詳しく説明する．

9.4.2 検出器の特徴

(a) 示差屈折率検出器

HPLCの汎用検出器として，示差屈折率検出器（DRI, differential refractive index detector）があげられる．この装置は，試料を含む溶媒と溶媒だけの屈折率の差を検出するもので，試料と溶媒の屈折率差があれば，どんな化合物に対しても応答を示す．ガスクロマトグラフィーにおける熱伝導度型検出器に相当する．屈折率が10^{-7}以下の変化でも検出できる装置もある．しかし，屈折率は温度変化に敏感なため，平衡状態に達するまでに時間がかかるなどの欠点もある．

(b) 紫外・可視吸光検出器

HPLCでは通常，μg～ngの範囲を高感度に再現性よく検出できる高感度検出器が必要である．このような場合，最も広く使われている検出器は紫外・可視吸光検出器（UV/VIS, UV-vis absorption detector）である．代表的な例として，図9.10にZ型フローセル[*18]の構造を示す．紫外・可視吸光検出器はngレベルの検出が可能であり，

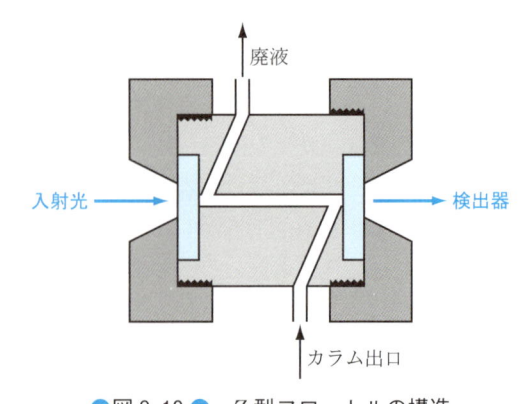

●図9.10● Z型フローセルの構造

[*18] Z型とすることにより，少ない体積で長い光路長さを実現できる．

温度変化の影響を受けにくい．吸収セルの容量は10 μL 以下のものが多用されている．紫外・可視吸光検出器では，紫外吸収性の移動相を用いることはできない．

多くの UV 検出器では，単色光を得るためのモノクロメーターにより連続的に波長を変えることができる．単色光を試料側セルと参照例セルに通し，透過光の比を測定するダブルビーム型の装置ではスペクトル測定ができるものもあり，定性分析にも役立つ．

(c) **蛍光検出器**

蛍光検出器（FD, fluorescence detector）は，紫外・可視吸光検出器よりも高い選択性と感度をもっている．感度は光源の強度に比例し，一般的に紫外吸光検出器よりもかなり大きい．また，種々の蛍光ラベル化試薬が開発され，安価に市販されているので，本来蛍光を示さない化合物も検出可能である．カラムで分離する前に発光性化合物を化学結合（蛍光誘導体化）し，誘導体化した試料を分離・検出するプレカラム誘導体化法や，試料をカラムで分離したあとの溶離液に蛍光誘導体化試薬を混合し，蛍光誘導体化するポストカラム法などがある．

(d) **電気化学検出器**

電気化学検出器（ECD, electro-chemical detector）は，電気化学的に活性な物質の高感度検出に有効な選択的検出器である．すなわち，カラムで分離後の目的成分を定電位で電気分解し，流れた電気量を測定する．電気化学的に活性な物質は電位設定を変えることにより選択的，高感度に検出可能である．電気化学的に活性な化合物には，アミン，フェノール類，ジアゾ化合物，アルデヒド，ニトロ化合物，ハロゲンなどがあり，種々の応用例がある．

(e) **質量分析計**

質量分析計（MS）も検出器に使用される．MS を HPLC に接続するためには，移動相液体の除去が大きな難題であった．近年では，溶媒除去の方法の確立，真空度を保つための排気装置の発展，イオン化方法の開発，イオン分離系の発達により，移動相に多量の塩を含まなければ比較的容易に接続できるようになった．MS は，低分子量の物質の分析ばかりでなく，タンパク質や核酸などの生体高分子の分析などでも活躍している．

9.4.3 実際の分析

液体クロマトグラフィーでは，固定相に用いる充填剤の種類により，表 9.4 に示した分離モード

表 9.4　液体クロマトグラフィーの分離モード

分離モード	特徴
順相クロマトグラフィー[*19]	・極性～非極性化合物の分離に使用する． ・固定相にシリカゲルやアルミナなどを用いる． ・シリカゲル，セルロースなどの充填剤と有機溶媒の移動相を使用する． ・試料の液相と固定相への分配（吸着）平衡に基づく分離を行う．
逆相クロマトグラフィー	・非極性化合物の高性能分離に使用する． ・固定相に疎水性を有し，移動相に極性溶媒を用いる． ・化学結合型シリカゲルを固定相とし，極性溶媒を移動相とする． ・試料の選択範囲が広いため，種々の応用例がある．
イオン交換クロマトグラフィー	・固定相にイオン交換樹脂，移動相に緩衝液を用いる． ・イオンと樹脂とのイオン交換によって試料を分離する．
サイズ排除クロマトグラフィー	・タンパク質，高分子化合物など分子量が大きい物質の分離に使用する． ・試料の分子量に依存した分離を達成する．

[*19] 「順相」という言葉は，「逆相」という言葉に対応したものである．歴史的には，極性固定相であるシリカゲルと小さな極性の移動相の組み合わせによる分離が先に発展したことから，固定相の極性が移動相の極性よりも大きな場合に「順相」とよんでいる．

で試料が分離される．

(a) 順相クロマトグラフィー

順相クロマトグラフィー（normal phase chromatography）では，シリカゲルおよびシリカゲルにアミノ基やシアノ基などの極性基をもつ化合物を化学結合した充塡剤（化学結合型固定相をもつ充塡剤）がよく用いられる．固定相は極性が大きいので，極性の大きな溶質が遅れて検出される．移動相の極性を大きなものに変えると極性物質の保持時間が短くなる傾向にある．

化学結合型固定相としては，シリカ表面にジオール基，シアノ基，ジメチルアミノ基，アミノ基を導入したものなどが市販されており，この順に極性が大きくなる．

移動相に用いる溶媒は，種々の誘電率，屈折率，光透過率をもつので，それぞれの特性を考慮して最適な条件を決定する．p.113の付表に溶媒の特性一覧を示す．この表において，上にある溶媒ほど極性が小さい．固定相にシリカゲルを用いる順相クロマトグラフィーでは，溶媒の極性が小さいほど保持時間は長くなる．

(b) 逆相クロマトグラフィー

順相クロマトグラフィーで用いるシリカゲルなどの固定相は極性が大きく，移動相に非極性溶媒を用いる．これに対し，非極性固定相に極性溶媒を用いるモードを逆相という．

逆相クロマトグラフィー（reversed phase chromatography）は現在，最も汎用の分離モードである．固定相にはシリカゲルの表面に直鎖アルキル基を化学結合させたものを用い，充塡剤表面はアルキル基により疎水性となる．アルキル基としては，オクチル基（C_8），オクタデシル基（C_{18}）がよく用いられる．移動相には水-メタノール系および水-アセトニトリル系が用いられることが多い．場合によっては，pHを一定に保つため水の代わりに緩衝液系を用いることも多い．

逆相クロマトグラフィーでは極性の小さな物質の保持時間が長くなる．

(c) イオン交換クロマトグラフィー

イオン交換クロマトグラフィー（ion exchange chromatography）は，水溶液中のイオンの分離・定量に用いられる．

イオン交換クロマトグラフィーに用いる固定相はイオン交換樹脂で，ジビニルベンゼンを架橋したポリスチレン，デキストランゲル，アクリルアミドゲル，シリカゲルなどの表面にイオン交換基が化学結合した樹脂などがある．試料であるイオンが固定相のイオン交換性官能基へ吸脱着を繰り返しながらカラム中を進むと，吸脱着平衡がイオンごとに異なるため，互いに分離される．

陽イオンM^{n+}の分離では，陽イオン交換樹脂（たとえば，強酸性樹脂であるR-SO_3Hや，弱酸性交換樹脂であるR-COOH）を用いたイオン交換反応により，

$$n\text{R-SO}_3^-\text{H}^+ + M^{n+} \rightleftharpoons (\text{R-SO}_3^-)_n M + n\text{H}^+$$

または

$$n\text{R-COO}^-\text{H}^+ + M^{n+} \rightleftharpoons (\text{R-COO})_n M + n\text{H}^+$$

のような平衡反応がおこる．

陰イオンX^-の分離では，陰イオン交換樹脂（たとえば，強塩基性樹脂である四級アンモニウム型樹脂（R-$N^+(CH_3)_3$）や弱塩基型樹脂（R-NH_3^+）を用いて，

$$n\text{R-N}^+(\text{CH}_3)_3\text{OH}^- + A^{n-} \rightleftharpoons (\text{R-N}^+(\text{CH}_3))_n A + n\text{OH}^-$$

または

$$n\text{R-NH}_3^+\text{OH} + A^{n-} \rightleftharpoons (\text{R-NH}_3)_n A + n\text{OH}^-$$

のような平衡反応により分離される．ここでRはイオン交換樹脂を表す．反応の平衡は，水素イオン濃度[H^+]または水酸化物イオン濃度[OH^-]によって変化する．

代表的なイオン交換樹脂の種類と特徴を表9.5に示す．

表9.5 代表的なイオン交換樹脂

イオン交換体の型	官能基	基質	有効pH範囲
陽イオン強酸型	スルホン酸基 $R\text{-}SO_3H$	・スチレン-ジビニルベンゼン共重合体 ・デキストランゲル ・アクリルアミドゲル	全領域
陽イオン弱酸型	カルボキシル基 $R\text{-}COOH$ リン酸基 $R\text{-}PO_3H_2$	・メタクリル酸-ジビニルベンゼン共重合体 ・デキストランゲル ・アクリルアミドゲル	中性〜塩基性
陰イオン強塩基型	第4級アンモニウム基 $R\text{-}N(CH_3)_3X$ $R\text{-}N((CH_3)_2X)C_2H_4OH$	・スチレン-ジビニルベンゼン共重合体 ・デキストランゲル ・アクリルアミドゲル	全領域
陰イオン弱塩基型	アルキルアミノ基 $R\text{-}NR_2,\ R\text{-}NHR_2,\ R\text{-}NH_2$	・スチレン-ジビニルベンゼン共重合体 ・デキストランゲル ・アクリルアミドゲル	酸性〜中性
両性	アニオン基とカチオン基 例）$^-\text{-}N(R)\text{-}CH_2COOH$	・スチレン-ジビニルベンゼン共重合体	全領域

(d) サイズ排除クロマトグラフィー

サイズ排除クロマトグラフィー（size exclusion chromatography）は，分子ふるい効果によって大きさの異なる分子を分離する方法である．

充填剤には，三次元的な網目構造をもったポリマー系ゲルや多孔性シリカゲルが用いられる．これらの網目の孔径は分子と同じくらいの大きさであり，孔径より小さい分子は通過できるが，大きな分子は通過できない．これを分子ふるい効果という．

図9.11にサイズ排除クロマトグラフィーにおける分離の概念図を示す．固定相のもつ孔径よりも十分小さな分子は固定相内部まで到達できる．一方，固定相のもつ孔径よりも少し小さな分子では，固定相内部に侵入するものの内部まで到達できず，ある程度の深さまで行くと逆に押し戻される．さらに大きな分子では固定相に進入できない．これを排除限界という．

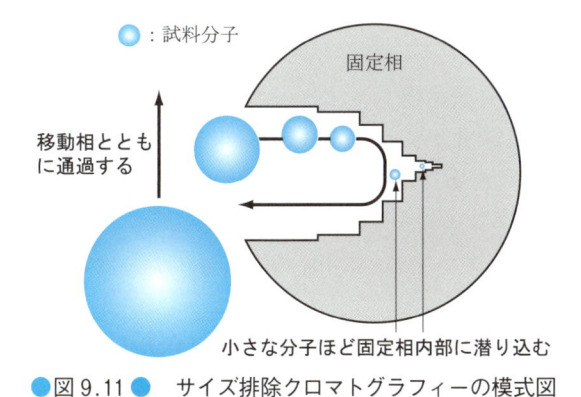

このような過程により，分子量の大きな分子は固定相内部へ侵入できないため速く溶離し，小さなものでは保持が大きくなる．

一般的に，保持容量と分子量の対数の間には直線関係が成り立ち，分子量が既知のポリスチレンを標準試料として検量線を描き，目的物質の溶出時間から分子量を推定する．理想的に分子ふるい過程により分離され，ほかの充填剤，移動相，試料成分間の相互作用が起こらないと仮定すると，保持容量V_eと充填剤内部の溶媒体積V_iの関係は次のようになる．

$$V_e = V_0 + KV_i \tag{9.12}$$

ここで，Kは分配係数であり，$0 \leq K \leq 1$であるので，試料成分はV_0とV_eの間に溶出する．図9.12にサイズ排除クロマトグラフィーで分離したクロマトグラムと検量線の一例を示す．

本法は，合成ポリマーをはじめとしてタンパク質や核酸などの生体高分子の分離によく用いられている．

図9.11 サイズ排除クロマトグラフィーの模式図

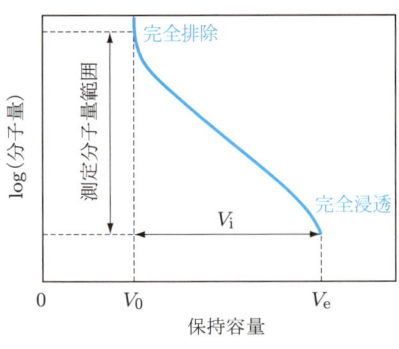

（a）サイズ排除クロマトグラフィーの検量線

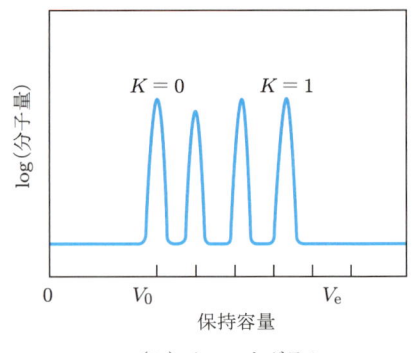

（b）クロマトグラム

● 図9.12 ● サイズ排除クロマトグラフィーによるクロマトグラムと分子量の関係

9.5 薄層クロマトグラフィー

薄層クロマトグラフィー（thin-layer chromatography）は特別な機器を必要とせず，安価に定性的な情報が得られるため，多くの分野で用いられている．固定相には，ガラス，アルミニウム板，プラスチック板の上に塗布したシリカゲル，イオン交換樹脂，サイズ排除クロマトグラフィー用の分子ふるい用樹脂，セルロース粉末などが用いられる[20]．移動相は溶媒であり，薄層板の下端を移動相である展開溶媒に浸すことにより，溶媒が毛管現象によって固定相中を上昇する．スポット状に塗布した試料は，移動相に溶解しながら上昇し，固定相との間の分配平衡により分離される．薄層クロマトグラフプレートに展開分離された試料の様子を図9.13に，定性指標である Rf（rate of flow）値の求め方を式（9.13）に示した．L は原点から溶媒先端までの距離，L_1 は原点から試料スポット中心までの距離である．

$$Rf 値 = \frac{L_1}{L} \tag{9.13}$$

薄相クロマトグラフィーには次の特徴がある．

- 展開時間が短く，試料スポットのまとまりがよい．
- スポットの検出のために比較的強い試薬が利

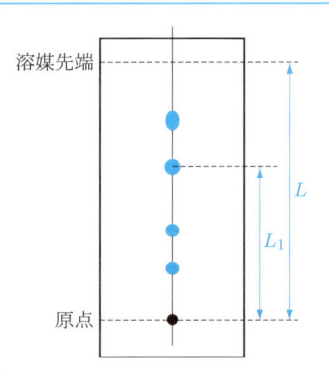

● 図9.13 ● 薄層クロマトグラフィーで分離された試料の様子と Rf 値

用できる．
- 塗布する吸着剤の厚さを増やす（0.5〜2 mm）ことにより試料の保持量を増加させ，精製・分取に利用できる．
- 分離度は良好であるが，定性に用いる Rf 値の再現性は若干低い．

9.5.1 固定相

固定相は 5〜50 μm の微粉末を厚さ 100〜500 μm に塗布したもので，結合材として石膏やポリビニルアルコールなどを混合して用いる．薄層クロマトグラフィーに用いる固定相には種々のものがある．

---

[20] 現在，あらかじめ種々の固定相を塗布した薄層プレートが市販されている．市販のプレートは，購入した直後ならばそのまま使うことができる．

代表的な固定相はシリカゲルで，表面にシラノール基≡Si-OH をもち親水性である．試料と水素結合などを形成し，試料を可逆的に吸着・保持し，結合力の差により試料成分を分離する．

アルミナもよく用いられる固定相である．水酸化アルミニウムを高温加熱することにより得られるゲルで，無極性の表面をもつ．シリカゲルと異なり，ファンデルワールス力（van der Waals force）[★21]やイオン交換などにより試料の吸着を行う．一般的に，中性，塩基性物質の分離に適しているといわれている．

珪藻土（キーゼルゲル）は表面の液膜が担体となる．吸着活性が極めて小さく，分配クロマトグラフィー用の担体として極性の大きな化合物を分離するときに用いられる．

ポリアミド（-CO-NH- をもつ重合体）は吸着容量が大きく，フェノール類，芳香族ニトロ化合物，カルボン酸などの分離に用いられる．

セルロース固定相には微結晶セルロースや酢酸セルロースの微粉末を用いるが，セルロースのヒドロキシ基に結合した水が固定相となり，移動相（一般的に有機溶媒）との間で分配クロマトグラフィーが行われる．よって極性の大きなもの（アミノ酸，カルボン酸，糖，核酸，無機イオンなど）の分離に適している．

さらに HPLC の項で述べたような，化学修飾型シリカゲルも疎水性表面を利用し，逆相クロマトグラフィーとして薄層クロマトグラフィーでも利用される．

9.5.2 移動相

シリカゲル，アルミナなどを固定相とした薄層では，有機溶媒を展開溶媒として用いる．溶媒の強さは溶媒の極性の強さに依存し，極性が大きいほど試料スポットの上昇率は大きい．多くの場合，単独の有機溶媒だけで展開することはなく，試料の展開状態に応じて2種類以上の溶媒を組み合わせて用いることが多い．溶媒の種類と特性については HPLC の項で示した．また，18個のCをもつ直鎖状炭化水素（オクタデシルシリル基）を化学結合させたシリカゲルを固定相とした薄層を逆相固定相といい，シリカゲルなどとは反対に固定相が親油性となる．この場合，水系の展開溶媒を用いる必要があり，水・アルコール混合溶液が使われることが多い．

9.5.3 展開

薄層プレートの下端から10〜20 mm の高さの位置を原線とし，原線上に試料溶液をマイクロピペットなどを用いてスポットする．このとき，試料溶液が適当な間隔でなるべく小さな円形状になるように注意する．この薄層プレートを溶媒蒸気で飽和された容器内で展開する．図9.14に薄層プレートを展開するための展開槽の例を示す．

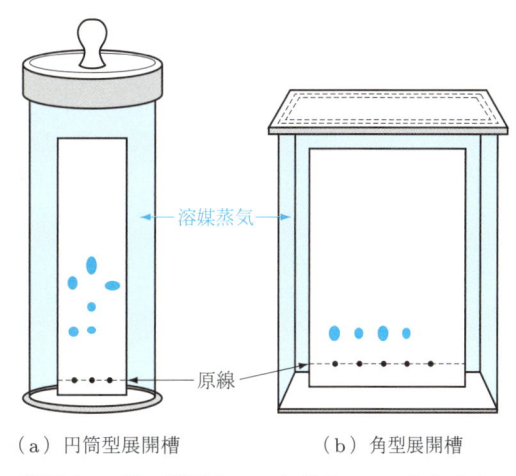

（a）円筒型展開槽　　（b）角型展開槽

● 図9.14 ● 薄層クロマトグラフィーのための展開槽

薄層クロマトグラフィーは再現性が高いとはいえない．これは，薄層固定相の活性度や溶媒蒸気の飽和度が一様ではないためである．

1次元で分離しにくい化合物の同定や定量には，2次元展開法が用いられる．薄層プレートを1次元目の展開溶媒で展開したあと乾燥させ，90°回転させる．次に，別の展開溶媒で2次元目の展開を行い，1次元目の Rf 値と2次元目の Rf 値によ

★21　分子内の電子の偏りによって発生する力である．

り化合物の同定を行う．この方法では複雑な混合物の一斉分離が可能であり，とくにタンパク質の加水分解物に含まれるアミノ酸の同定や生物試料などの分離に用いられる．図9.15に本法の概略を示す．

そのほか，いったん展開が終わったあとに薄層プレートを乾燥させ，同じ展開溶媒で再び展開を繰り返す多重展開法がある．この方法は近接した二つのスポットを分離するのに有効で，n 回反復したときの Rf 値（^nRf）と1回の Rf 値の間には，次式のような関係が成り立つ．

$$^nRf = 1-(1-Rf)^n \tag{9.14}$$

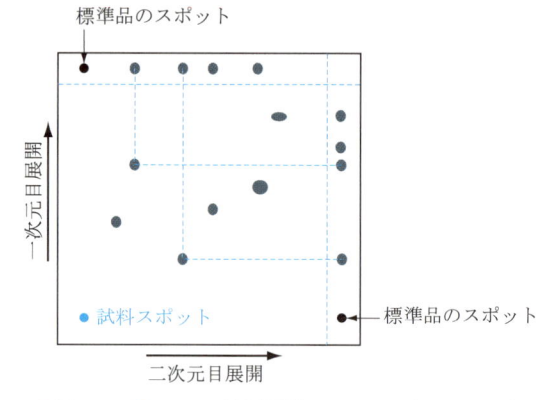

●図9.15● 二次元展開法によるスポットの分析

9.5.4 検出

展開後に乾燥させた薄層プレート上の物質の検

■表9.6■ 薄層クロマトグラフィーにおける選択的な検出試薬の例

対象物質	呈色試薬	操作方法	検出
アミノ酸ペプチドタンパク質	・イサチン-酢酸亜鉛 ・1,2-ナフトキノン-4-スルホン酸ナトリウム	・噴霧後，80℃で30分間加熱する． ・噴霧	アミノ酸は桃赤色を示す．
アミンアミド	・0.3%ニンヒドリン ・バニリン ・p-ジメチルアミノベンズアルデヒド	・噴霧後，110℃で10分間加熱する． ・2%バニリン液を噴霧し，110℃で10分間加熱後，1%水酸化カリウムエタノール溶液を噴霧し，110℃で10分間加熱する． ・p-ジメチルアミノベンズアルデヒド1gをエタノールに溶かし100mLとする．噴霧後，加熱する．	・赤紫色（プロリンは黄色を示す） ・オルニチン，リジンは黄緑色蛍光を示す． ・プロリン，ヒドロキシプロリン，グリシンは緑褐色を示す． ・芳香族アミンは黄色を示す．
アルカロイド	ドラーゲンドルフ試薬	噴霧	窒素含有化合物は橙色に呈色する．
アルデヒド・ケトン	2,4-ジニトロフェニルヒドラジン	噴霧	桃赤色
酸化防止剤	20%リンモリブデン酸エタノール	噴霧後，50～70℃で5分間加熱し，アンモニア蒸気にさらす．	青色
脂質・リン脂質	・モリブデン酸アンモニウム ・過塩素酸	噴霧し105℃で20分間加熱する．	脂質は青黒色を示す．
ビタミン	・2,6-ジクロロフェノールインドフェノール試薬 ・フェリシアン化カリウム ・リンタングステン酸，エタノール ・三塩化アンチモン	・噴霧 ・噴霧 ・噴霧後，70℃で20分間加熱する． ・噴霧後，110℃で10分間加熱する．	・ビタミンC：青色のバックに無色スポットを示す． ・ビタミンB_1：長波長紫外線下では蛍光発色を示す． ・ビタミンD：赤～褐色． ・ビタミンA：青～紫色．
フェノール	硝酸銀	噴霧	桃～深緑色
無機化合物	アリザリン	噴霧し，アンモニア蒸気にさらす．	バリウムBa，カルシウムCa，マグネシウムMg，アルミニウムAl，チタンTi，鉄Fe，亜鉛Zn，リチウムLi，トリウムTh，ジルコニウムZr，セレンSeは紫～赤色を示す．

出方法には，紫外光照射などの物理的検出法や，抵触試薬による化学的検出法などがある．

物理的検出法では，着色物質は肉眼でスポットを検出可能であるが，無色の物質では紫外線ランプなどを照射して蛍光やリン光を暗所で観察し，スポットを検出する．芳香族化合物や共役二重結合をもつ物質では，固定相に蛍光剤を混合した薄層プレートを用い，分離した化合物が蛍光を消光するために生じる暗いスポットを検出する．また，展開後のプレートにごく薄い濃度のフルオレセインナトリウム水溶液やローダミンBなどの蛍光試薬を噴霧し検出する方法などもある．

化学的検出方法には種々の方法があり，強酸など非常に反応性の高い試薬まで用いることができる．ヨウ素蒸気や硫酸の噴霧後に加熱・炭化させる方法など，ほとんどすべての試料を発色できる方法もある．さらに，それぞれの化合物に特異的な検出法も使用できる．いくつかの例を表9.6に示す．

展開溶媒の先端が原線から十分な距離だけ展開したあと薄層板を取り出し，ただちに溶媒の先端の位置に印をつけ風乾させる．そのあと試料を可視化し，スポットの位置を調べ，試料のRf値を求める．

Step up キャピラリーカラム

ガスクロマトグラフィーの分離カラムとして，内径50〜500 μmの溶融石英製キャピラリーを用いたもの（キャピラリーカラム）がある．このカラムは充填剤をつめたカラムとは異なり，長さ10〜100 mの細管の内表面に，固定相を塗布または化学結合により固定したものである．試料は移動相とともに細管中を流れ，壁面の固定相との間で分配して分離が達成される．中空管状のカラムであり圧力降下が小さいため，カラムの長さを大きくできる．さらに，移動相の流れも均一で分配平衡も迅速に達成されるため，きわめて高い分離性能（理論段数として数十万段程度）を示す．

しかし，カラムの内径が小さいため必然的に流速は小さく，毎分1 mL程度である．また，分離できる試料の量を少なくしなければならず，注入した試料の一部のみをカラムに導入する分離装置により試料量を制限して用いる場合が多い．現在，環境分析などで用いられているカラムのほとんどはキャピラリーカラムである．

演・習・問・題・9

9.1
a, bの二つの物質の混合試料のガスクロマトグラムを得た．キャリヤーガス流量は20 mL min^{-1}とし，熱伝導度型検出器により検出した．このクロマトグラムから次の(1)〜(3)の値を求めよ（保持時間とピーク高さなどの値は，物差しなどで測ってよい）．

(1) a, bの空間補正保持容量
(2) a, bの理論段数
(3) a, bの分離係数

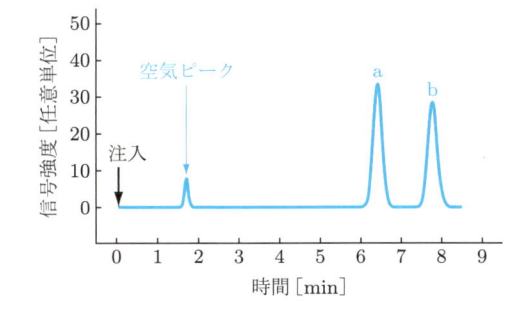

9.2
次の化合物をガスクロマトグラフィー（GC）で検出する場合，最適な検出器は何か．
(1) クロロホルム $CHCl_3$
(2) トルエン $C_6H_5CH_3$
(3) 二酸化炭素 CO_2
(4) 水 H_2O

9.3
ベンゼン，ニトロベンゼン，ベンジルアルコールを分離するための方法について説明せよ．

9.4
二つの試料SaとSbを液体クロマトグラフィーで分離したところ，保持時間はそれぞれ2.8分と3.7分であり，それぞれのピーク幅は0.20分と0.25分であった．分離度Rsを計算せよ．

9.5

8100段の理論段数をもつHPLCのカラムを用いて，ナフタレンとα-ナフトールを含む試料を分離した．それぞれの保持時間は8分20秒と8分40秒であった．

(1) 両ピークの分離係数を求めよ．
(2) 保持時間はそのままで分離度1.05を与えるのに必要な理論段数はいくつか．

付表

■付表■ 順相モードに用いる移動相溶媒の特性

溶 媒	シリカゲル固定相に対する溶出力	誘電率 [D]	粘度（20℃）[cP]	屈折率（20℃）	透過限界波長 [nm]
ペンタン	0.00	1.84	0.24	1.358	200
ヘキサン	0.01	1.88	0.30	1.375	200
ヘプタン	0.01	1.92	0.42	1.388	200
シクロヘキサン	―	2.02	0.98	1.426	210
四塩化炭素*	0.11	2.24	0.97	1.466	265
ジイソプロピルエーテル	―	3.88	0.37	1.368	220
トルエン	―	2.38	0.59	1.496	290
ベンゼン*	0.25	2.28	0.65	1.501	290
ジエチルエーテル	0.38	4.33	0.23	1.353	220
クロロホルム	0.32	4.80	0.57	1.443	250
ジクロロメタン	0.32	8.93	0.44	1.424	250
テトラヒドロフラン	―	7.58	0.46	1.407	220
ジクロロエタン	―	10.70	0.79	1.445	230
アセトン	―	21.40	0.32	1.359	330
1,4-ジオキサン	0.49	2.21	1.54	1.422	220
酢酸エチル	0.38	6.11	0.45	1.370	260
ニトロメタン	―	35.09	0.65	1.382	380
アセトニトリル	0.50	37.50	0.37	1.344	210
ピリジン	―	12.40	0.94	1.510	310
1-プロパノール	―	21.80	2.30	1.380	200
エタノール	―	25.80	1.20	1.361	200
メタノール	―	33.60	0.60	1.329	200
エチレングリコール	―	37.70	19.90	1.427	200
水	―	80.46	1.00	1.333	180
酢酸	―	6.10	1.26	1.372	260

*特定化学物質

演習問題解答

演習問題1

1.1
長所
- 選択性が高く，共存物質からの妨害が比較的少ない．
- 検出感度が向上する．
- 測定を迅速化できる．
- 測定値読み取りの任意性がない．

短所
- 有効桁数が少ない．
- 高価である．
- 表示されるデータを鵜呑みにし，測定誤差が忘れ去られる傾向にある．

1.2
中性子放射化分析などがある．この方法は，中性子源から発生する中性子を非測定物質に照射し，物質中に含まれる原子の質量を増加させ，放射性を与える．これにより発生した放射能を測定することによって，定性分析と定量分析を行う．

1.3
機器分析法では検量線との比較で定量分析が行われる．機器分析法の感度が向上したため，検量線用参照試料の濃度が必然的に低くなったが，このような低濃度の試料を調整するには細心の注意が必要である．たとえば，容器の壁からの元素の溶出などにも注意を払わなければならないが，これらに関する手法は従来の湿式分析の手法に負うところが大きいのである．

演習問題2

2.1
(1) $T=0.130$ であるから，吸光度 A は式(2.2)より 0.886 となる．

(2) 式(2.3)において，
$$c=8.0\times10^{-5}\,\text{mol dm}^{-3},\ d=1\,\text{cm}$$
であるから，モル吸光係数 $\varepsilon=11000\,(\text{dm}^3\,\text{mol}^{-1})\text{cm}^{-1}$ である．

(3) 題意より，$d=2\,\text{cm}$, $\varepsilon=11000\,(\text{dm}^3\,\text{mol}^{-1})\text{cm}^{-1}$ である．透過率を吸光度に変換したのち，式(2.3)から濃度 c を求める．
$$c=2.23\times10^{-5}\,\text{mol dm}^{-3}$$

2.2
$(c_A, c_B) = (1.1\times10^{-4}\,\text{mol dm}^{-3},\ 1.8\times10^{-4}\,\text{mol dm}^{-3})$.
題意より，物質A, Bのモル吸光係数は次表のようになる．

物質	300 nm	550 nm
A	3500	1100
B	230	680

一方，未知試料の吸光度は 300 nm で 0.440，550 nm で 0.250 であるから，次の連立方程式を解く．
$$0.440=3500c_A+230c_B$$
$$0.250=1100c_A+680c_B$$

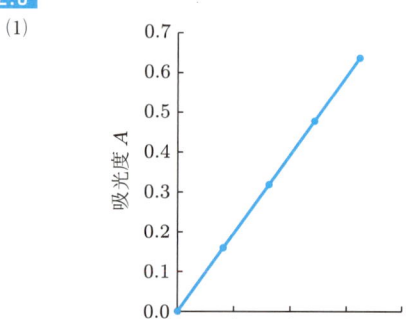

2.3
(1)

●解図2.1● 検量線

(2) 検量線は
$$A=0.1988\,C-0.0019$$
となる．
一方，試料の吸光度は 0.187 となる．よって濃度は $0.95\,\mu\text{g cm}^{-3}$ である．

2.4
与えられたデータから次図が得られる．矢印から錯体の組成は Fe(phen)_3 となる．

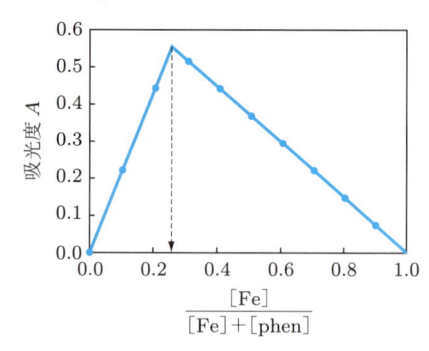

●解図2.2● 連続変化法による金属錯体組成の決定例

演習問題3

3.1
原子吸光法では，測定元素を変更するたびに中空陰極管を取り替えなければならないためである．

3.2

0.96 ppm. 題意から，検量線は濃度を x とすると，

$A = 0.084x + 0.004$

であるから，$A = 0.085$ として，$x = 0.96$ となる．

3.3

29 ppm. 題意から，標準添加法による検量線は次図のようになる．

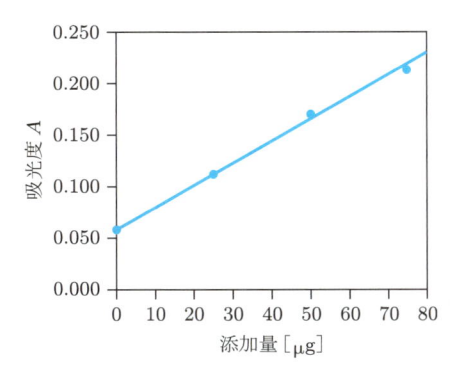

●解図3.1● 標準添加法による検量線

回帰式は，添加量を x とすると，

$A = 2.09 \times 10^{-3} x + 6.02 \times 10^{-2}$

となるので，求める濃度は回帰直線と X 軸の交点の絶対値 $|6.02 \times 10^{-2} / 2.09 \times 10^{-3}|$ となる．

3.4

2.3 ppm. 題意より，イットリウムに対するバナジウムの発光強度の比は次表のようになる．

濃度 [ppm]	発光強度の比
0	0
1.00	0.190
2.00	0.411
3.00	0.630
4.00	0.781
実試料	0.462

検量線は次図のようになる．

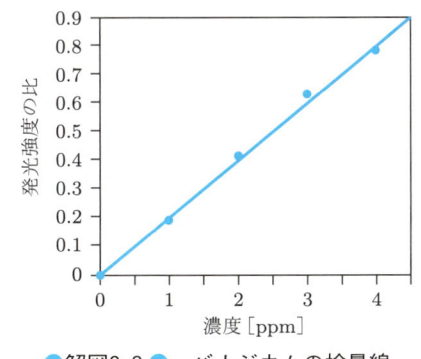

●解図3.2● バナジウムの検量線

回帰直線は

$A = 0.2001x + 0.002$

である．$A = 0.462$ として濃度 x を求める．

演習問題4

4.1

(1) 図 4.4 を参照のこと．直線の式は次のようになる．

$$\sqrt{\frac{c}{\lambda}} = 5.07 \times 10^7 Z - 7.43 \times 10^7$$

(2) 2.15 Å

(3) 33

4.2

いずれも式(4.5)を使って求める．
(1) 63 (2) 0.070

4.3

式(4.5)を使って求める．(3)では(2)で求まった値を使う．
(1) 26.91 (2) 0.429 mm
(3) $0.215 \times \sin 10° = 0.037$ mm

4.4

ブラッグの式(式(4.8))において，$n = 1$ として解く．
(1) 6.371 Å (2) 4.079 Å
(3) 3.131 Å (4) 2.532 Å

4.5

表 4.4 において，立方晶に示された式を使う．
(1) 12.305 Å (2) 8.701 Å (3) 4.102 Å

4.6

例題 4.3 にならって計算する．h, k の両方が偶数か奇数のときのみ回折線が観測される．

演習問題5

5.1

それぞれの赤外吸収は，炭素三重結合（2150 cm^{-1}），炭素二重結合（1650 cm^{-1}），炭素単結合（1200 cm^{-1}）で，結合の強度は三重結合＞二重結合＞単結合の順番に強い．いわゆるばねの強さと同様に考える．

5.2

3500 cm^{-1} 付近の吸収は分子間水素結合に基づく吸収で，3600 cm^{-1} 付近の鋭い吸収は単量体の吸収である．強度が減少する理由は，希釈によりアルコールの濃度が低下するからである．

5.3

(a) 3500 cm^{-1} 付近の OH 基の吸収の有無．

(b) 環の歪みエネルギーの差で，六員環より四員環の歪みエネルギーは大きく 40 cm^{-1} 程度高波数に吸収がみられる．歪みエネルギーとは，分子内の結合のゆがみによって生じるエネルギーであり，大きいほどその化合物は不安定になる．

(c) 末端アセチレンの C-H 結合は 3300 cm^{-1} 付近に吸収がみられる．

(d) カルボニル吸収のほかに，アルデヒドではアルデヒド性 C-H 吸収が 2850 cm^{-1} 付近と 2750 cm^{-1} 付近に

みられる．

(e) オルト体は 750 cm^{-1} 付近に 1 本，メタ体は 780 cm^{-1} と 700 cm^{-1} 付近に 2 本，パラ体は 830 cm^{-1} 付近に 1 本の吸収がみられる．

5.4
サリチルアルデヒドや β-ジケトンのように（分子内）水素結合を形成すると，吸収位置は低波数側にシフトして強度も弱くなり，観測されない場合もある．よって，問題のカルボニル吸収が低波数シフトして OH 伸縮振動が観測されないのは，分子内水素結合の形成が原因である．

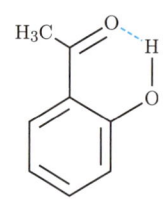

●解図5.1● o-ヒドロキシアセトフェノンの分子内水素結合

5.5
対称中心をもつ分子では，対称振動は赤外不活性（双極子モーメントが変化しない），ラマン活性である．また，逆対称振動では，赤外活性，ラマン不活性となる．

双極子モーメント変化なし，分極率変化

(a) 対称伸縮振動（赤外不活性，ラマン活性）

双極子モーメント変化，分極率変化なし

(b) 逆対称伸縮振動（赤外活性，ラマン不活性）

●解図5.2● 二酸化炭素の振動と赤外・ラマンスペクトルとの関係

演習問題 6

6.1
^{1}H-NMR の化学シフトは，そのプロトンを取り巻く化学的環境の違いにより変化する量なので，化学シフト値は測定装置の差に無関係の値であり変化しない．

6.2
次のように観測される．
(1) パラキシレン

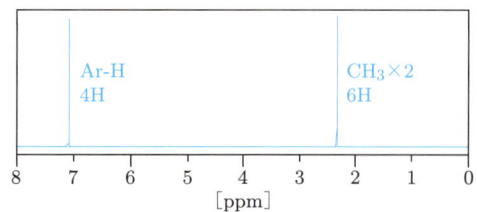

(2) 酢酸エチル

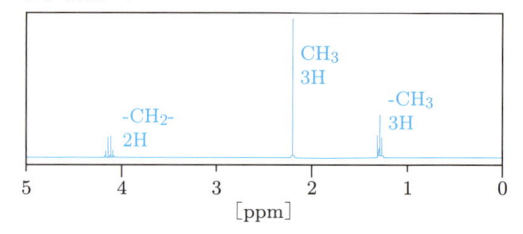

(3) シクロヘキサン

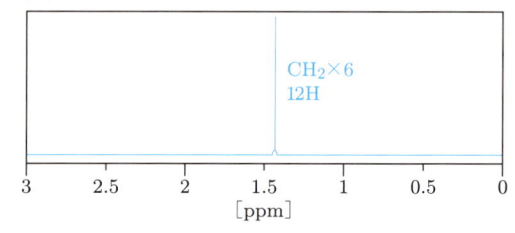

●解図6.1● 予想される各化合物の ^{1}H-NMR スペクトルパターン

6.3
電子吸引基の Cl 基に近い C_1 炭素についたプロトンが最も低磁場に表れ，以下，Cl 基から離れるに従い高磁場側に現れる．

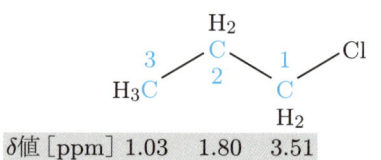

δ値 [ppm] 1.03 1.80 3.51

6.4
アルケンの二重結合，芳香族の π 電子と外部磁場との相互作用による遮へい効果により低磁場側にシフトする．ベンゼン環の場合は環電流効果が生じる．

6.5
6.1.6 項で説明した n+1 則により，メチン基 (-CH-) は 7 本 (sept)，メチル基 (-CH$_3$) は 2 本，ベンゼン環は 1 本のピークとして観測される．メチン基のシグナルの相対強度比は，二項定理に従い，1 : 6 : 15 : 20 : 15 : 6 : 1 となる．

6.6

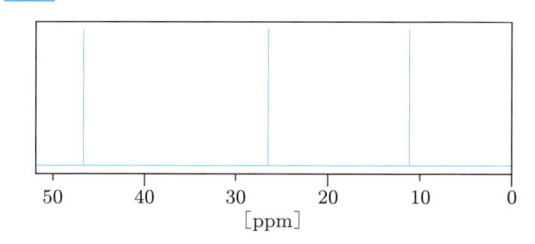

●解図6.2● 予想される 1-クロロプロパンの ^{13}C-NMR スペクトルパターン

^{13}C-^{1}H スピン結合を消去したプロトンデカップリングしたスペクトルでは，非等価な炭素が3個あるので1重線が3本（δ 11.85, 26.01, 46.37 ppm）現れる．

^{13}C-^{1}H スピンスピン結合のあるスペクトルは，™11.85 に4重線，δ 26.01 に3重線，δ 46.37 に3重線のシグナルが現れる．

6.7

ジアステレオマーなので，物理化学的性質（NMRも含む）は異なる．ジアステレオマーとは，二つ以上の不斉炭素をもちながら，お互いは鏡像関係（エナンチオマー）にない異性体のことである．

演習問題 7

7.1

高分子化合物や難揮発性化合物の分析に威力を発揮するのは，高速原子衝突法（FAB法）である．この方法は，中性原子（アルゴン Ar，キセノン Xe など）を高速で固体試料面に衝突させてイオン化させるものであるが，このとき試料分子に加えられるエネルギーが他の方法に比べて小さい．そのため，フラグメントイオンができにくく，分子イオンピークを与えやすい特徴がある．

7.2

これは臭素 Br（^{79}Br : ^{81}Br = 1 : 1）の同位体によるピークのずれが原因であり，Brの場合，2質量単位ずれて1:1の強度で現れる．

7.3

開裂は第1級アルコールと同様に起こり，次のように書ける．

第2級アルコール

$\begin{matrix}R\\H\end{matrix}\!\!>\!\!C=O^+H$ （m/z 45, 59, 73, …）

第3級アルコール

$\begin{matrix}R\\R\end{matrix}\!\!>\!\!C=O^+H$ （m/z 59, 73, 87, …）

7.4

各質量数に対応するフラグメント構造は，次のようになる．

(1) m/z 74（M$^+$），73（C-C-C-C=O$^+$H），56（C-C-C=C$^+$），43（C-C-C$^+$），41（$^+$C-C=C），31（C=O$^+$H）
(2) m/z 134（M$^+$），91（C$_7$H$_7^+$：トロピリウムイオン），77（C$_6$H$_5^+$），65（C$_5$H$_5^+$）
(3) m/z 156（M$^+$），127（I$^+$），29（C-C$^+$）

7.5

各質量数に対応するフラグメント構造は，次のようになる．

(1) ヘキサン：
m/z 86（M$^+$），71（$^+$C-C-C-C-C），57（$^+$C-C-C-C），43（$^+$C-C-C），29（$^+$C-C）
(2) 2-メチルペンタン：
m/z 86（M$^+$），71（C-C$^+$-C-C-C），43（C-C$^+$-C）
(3) 1-ヘキセン：
m/z 84（M$^+$），56（$^{+\bullet}$C-C-C-C），42（(C-$^+$C=C$^\bullet$）：マクラファティ転位），41（C=C-C$^+$）
(4) エチルベンゼン：
m/z 106（M$^+$），91（C$_7$H$_7^+$：トロピリウムイオン），65（C$_5$H$_5^+$）
(5) プロピルシクロヘキサン：
m/z 126（M$^+$），83（C$_6$H$_{11}^+$）
(6) 1-ブタノール：
m/z 73（M$^+$-H），56（C-C-C$^\bullet$-C$^+$），31（C=$^+$OH）
(7) フェノール：
m/z 94（M$^+$），66（C$_5$H$_6^+$），65（C$_5$H$_5^+$）
(8) アニソール：
m/z 108（M$^+$），93（C$_6$H$_5$O$^+$），65（C$_5$H$_5^+$）
(9) 1-アミノヘキサン：
m/z 101（M$^+$），30（NH$_2$-CH$_2^+$）
(10) ブタナール：
m/z 72（M$^+$），44（$^\bullet$C-C=$^+$OH：マクラファティ転位），29（CHO$^+$）
(11) ブタン酸メチル：
m/z 102（M$^+$），74（C=C($^+$OH)-O-C：マクラファティ転位），43（C-C-C$^+$）
(12) ジエチルエーテル：
m/z 74（M$^+$），59（C-C-$^+$O=C），45（C-C=$^+$OH），31（C=$^+$O=H），29（C-C$^+$）

演習問題 8

8.1

$$E = E^0 - \frac{RT}{nF}\ln Q$$

より，$Q = a(\text{Cl}^-)$ なので，電極電位 E は次のようになる．

$E = 0.222 - 0.0591 \log 4$
$ = 0.222 - 0.0591 \times 1.386$
$ = 0.14$ V

8.2

三電極ボルタムメトリーでは基準となる参照電極が存在するため，目的とする電極（作用極）の電位を直接測定しながら電気分解することができる．一方，二電極方式では基準となる電極がないので，目的となる極の電位が規定できない．

8.3

$$\frac{RT}{F}\ln Q = \frac{8.31 \times 298}{96485n}2.303 \log Q \cong \frac{0.0591}{n}\log Q$$

傾きは $0.0591/n$ である．

8.4

フェノール1分子に3分子の臭素 Br が反応する．25 mA で 300 秒の電気分解で流れた電気量は

$0.025 \times 300 = 7.5$ クーロン

である．したがって，臭素は

$$\frac{7.5}{96500} \times \frac{1}{2} = 3.89 \times 10^{-5} \text{ mol}$$

生成したことになる．フェノールはその 1/3 mol 消費されるので，1.29×10^{-5} mol となる．これを質量に直すと次のようになる．

$$1.29\times10^{-5}\times(12\times6+16+6)=1.22$$

したがって，1.22 mg である．

8.5

問 8.3 にあるように，pH が 1 異なると 59.1 mV の電位差がある．pH 2 の差では 118.2 mV となる．水溶液の水素イオン濃度 [H^+] は定義より 100 倍異なる．

8.6

(1) 抵抗 R [Ω] と伝導度 κ [Ω^{-1} cm^{-1}]，電極間距離 l [cm]，電極表面積 A [cm^2] の関係は次のようになる．

$$R=\frac{1}{\kappa}\cdot\frac{L}{A}=\rho\frac{L}{A}\ [\Omega]$$

ここで，$\frac{L}{A}$ [cm^{-1}] はセル定数とよばれる．したがって，セル定数 $\frac{L}{A}$ は次のようになる．

$$\frac{L}{A}=kR=0.013\times140=1.8$$

したがって，1.8 cm^{-1} である．

(2) (1) のセルを用いたとき，0.3 mol dm^{-3} 塩化アンモニウム溶液の伝導度 κ は次のようになる．

$$\kappa=\frac{L}{A}\frac{l}{R}=1.82\cdot\frac{1}{30.0}=0.061\ [\Omega^{-1}\text{cm}^{-1}]$$

モル伝導率は，$\Lambda_m=\frac{\kappa}{c}$ より

$$\Lambda_m=\frac{0.061}{0.3}=0.20$$

である．

演習問題 9

9.1

(1) 空間補正保持容量は次のようになる．
$(6.5-1.6)\times20$ mL min$^{-1}=98$ mL

(2) 理論段数 $n=16\left(\frac{t_r}{w}\right)^2$ であるので，クロマトグラムから長さを読み取ると次のようになる．

a について　$n=16\left(\frac{t_r}{w}\right)^2=16\left(\frac{36}{4}\right)^2=1296$

b について　$n=16\left(\frac{t_r}{w}\right)^2=16\left(\frac{43}{4.5}\right)^2=1461$

(3) 分離係数は $r=\frac{\Delta t_r}{w}$ であるので，クロマトグラムから長さを読み取ると，次のようになる．

$$r=\frac{\Delta t_r}{w}=\frac{43-36}{4}=1.75$$

9.2

(1) ECD
(2) FID
(3) TCD
(4) TCD

9.3

いずれも容易に気化する試料なので，ガスクロマトグラフィーを用い，微極性の液相をコーティングした固定相を充塡したカラムで分離する．検出には FID を用い，量が多い場合は TCD を用いる．

9.4

分離度の定義
$$Rs=\frac{2\Delta t_r}{w_1+w_2}$$

から次のようになる．

$$Rs=\frac{2(3.7\times60-2.8\times60\text{（または}3.7-2.8))}{0.2\times60+0.25\times60\text{（または}0.2+0.25)}$$
$$=4.00$$

9.5

理論段数の定義 $n=16\left(\frac{t_r}{w}\right)^2$ より，ナフタレンと α-ナフトールのピーク幅は，それぞれ次のようになる．

ナフタレン：$w_1=\frac{4t_r}{\sqrt{n}}=\frac{4\times500}{\sqrt{8100}}=22.2$ [s]

α-ナフトール：$w_2=\frac{4t_r}{\sqrt{n}}=\frac{4\times520}{\sqrt{8100}}=23.1$ [s]

(1) 分離係数 α は，定義 $r=\frac{\Delta t_r}{w}$ より次のようになる．

$$r=\frac{\Delta t_r}{w}=\frac{20}{(22.2+23.1)/2}=0.88$$

(2) 保持時間はそのままで分離度 1.05 を与えるためには，ピーク幅が $20/1.05=19.05$ であることが必要である．よって，理論段数 n は次のようになる．

$$n=16\left(\frac{t_r}{w}\right)^2=16\left(\frac{500}{19.05}\right)^2=11022$$

参考文献

■第1章
1) 合志陽一（編）：化学計測学，昭晃堂（1997）
2) 河合潤・樋上照男（編）：はかってなんぼ 分析化学入門，丸善（2000）

■第2章
1) 泉美治・小川雅彌・加藤俊二・塩川二朗・芝哲夫（監）：第2版 機器分析のてびき 第1集，化学同人（1996）

■第3章
1) 泉美治・小川雅彌・加藤俊二・塩川二朗・芝哲夫（監）：第2版 機器分析のてびき 第3集，化学同人（1996）
2) 日本分析化学会（編）：分析化学データブック 改訂第5版，丸善（2004）

■第4章
1) カリティ（著），松村源太郎（訳）：X線回折要論，アグネ（1980）
2) 中井泉（編）：蛍光X線分析の実際，朝倉書店（2005）

■第5〜7章
1) M. Hesse, H. Meier, B. Zeeh, 野村正勝（監訳），馬場章夫・三浦雅博ほか（訳）：有機化学のためのスペクトル解析法—UV，IR，NMR，MSの解説と演習，化学同人（2000）
2) 安藤喬志・宗宮創：これならわかるNMR，化学同人（1997）
3) 志田保夫・笠間健嗣・黒野定・高山光男・高橋利枝：これならわかるマススペクトロメトリー，化学同人（2001）
4) 卯西昭信・山口晴司・伊佐公男：有機化合物の構造とスペクトル，三共出版（1994 ?）
5) L. M. Harwood, T. D. W. Claridge, 岡田惠次・小嵜正敏（訳）：有機化合物のスペクトル解析入門，化学同人（1999）
6) 泉美治・小川雅彌・加藤俊二・塩川二朗・芝哲夫（監）：第2版 機器分析のてびき 第1，3集，化学同人（1996）

■第8章
1) 藤嶋昭・相澤益男・井上徹：電気化学測定法（上・下），技報堂出版（1984）
2) 渡部正・中林誠一郎，日本化学会（編）：電子移動の化学—電気化学入門，朝倉書店（1996）
3) P. W. Atkins, 千原秀昭・中村亘男（訳）：アトキンス物理化学（上・下）第8版，東京化学同人（2009）

■第9章
1) G. D. Christian, 原口紘炁（監訳）：原著6版 クリスチャン分析化学 Ⅱ．機器分析編，丸善（2005）
2) 鈴木郁夫・斎藤行生・豊田正武：薄層クロマトグラフィーの実際 第2版，広川書店（1990）
3) 日本分析化学会ガスクロマトグラフィー研究懇談会（編）：キャピラリーガスクロマトグラフィー，朝倉書店（1997）

さくいん

英数字

- α-開裂　74
- carrier gas　97
- chromatography　95
- d-d遷移　10
- HETP　101
- ICDDカード　39
- ICP　21
- IRスペクトル　45
- KBr法　47
- NOE効果　64
- pH電極　85
- polarography　86
- rate of flow　108
- retention time　100
- R_f値　108
- voltammetry　86
- X線回折分析法　30
- ^{1}H-NMR　56
- ^{13}C-NMR　64
- 2価イオンピーク　72

あ

- アイソトープピーク　71
- アノードストリッピング法　86
- アンチストークス線　52
- アンペア　80
- イオン化　69
- イオン交換クロマトグラフィー　97, 106
- イオン選択性電極　87
- 移動相　95
- 陰極　82
- インジェクター　103
- 液体クロマトグラフィー　96
- 液膜法　47
- エネルギー準位　4
- 塩橋　83
- 炎光光度検出器　100
- 炎光分析法　21
- 遠赤外線　44
- オフレゾナンスデカップリング法　65
- 親イオン　68
- 温度補償電極　84

か

- 回転準位　4
- 外部磁場　59
- 化学イオン化法　69
- 化学交換　63
- 化学シフト　59
- 核磁気共鳴　57
- 核磁気共鳴装置　56
- 核スピン　57
- 可視光線　44
- ガスクロマトグラフィー　96
- 加成性　8, 29
- 数え落とし　37
- カップリング　61
- カップリング定数　62
- ガラス電極　88
- 換算質量　45
- 環電流効果　60
- 気-液クロマトグラフィー　97
- 気-固クロマトグラフィー　97
- 基準ピーク　71
- 基底状態　4
- 逆相クロマトグラフィー　106
- 逆対称伸縮振動　54
- 逆対称振動　46
- キャパシティーファクター　101
- キャリヤーガス　97
- 吸光度　7
- 吸着　97
- 吸着クロマトグラフィー　97
- 銀塩化銀電極　85
- 空間補正保持時間　100
- クロマトグラフィー　95
- クーロメトリー　86
- クーロン　80
- 蛍光　13
- 蛍光X線　40
- 蛍光検出器　105
- 蛍光誘導体化　105
- 結合音　46
- 結合定数　62
- 原子散乱因子　33
- 原子網面　30
- 顕微ラマン法　54
- 高磁場　59
- 高速液体クロマトグラフィー　103
- 高速原子衝突法　69
- 酵素電極　85
- 光電子増倍管　54
- 固体膜型電極　88
- 固定相　95
- 固有X線　26

さ

- サイクリックボルタンメトリー　92
- 歳差運動　57
- サイズ排除クロマトグラフィー　97, 107
- 作用電極　84
- 紫外・可視吸光検出器　104
- 示差屈折率検出器　104
- 支持電解質　81
- 質量吸収係数　28
- 質量分析計　69, 105
- 質量分析法　68
- ジーメンス　89
- 指紋領域　46, 51
- 遮へい　59
- 重水素化溶媒　59
- 充填剤　98
- シューレリーの加成則　63
- 順相クロマトグラフィー　106
- 晶系　31
- 常磁性効果　59
- 死容積　100
- 助色基　9
- 伸縮振動　46
- 深色移動　9
- 振動準位　4
- 水素炎イオン化型検出器　99
- 水素電極　85
- ストークス線　52
- スピン-スピン結合　61
- 赤外活性　54
- 赤外線吸収スペクトル　44
- 赤外不活性　54
- 積分曲線　61
- 絶対検量線法　8, 102
- 遷移　5
- 浅色移動　10
- 双極子モーメント　45, 54
- ソフトイオン化法　70

た

- 対極　84
- 対称伸縮振動　54
- 対称振動　46
- 縦緩和　57
- 縦ゆれ　46
- ダニエル電池　82
- 淡色効果　10

窒素ルール 75
抵抗率 89
低磁場 59
デカップリング 64
デッドボリューム 100
デバイ-シェラーリング 35
電位差測定法 86
電位差分析法 85
転位生成物 74
転位ピーク 72
電荷移動吸収 10
電解分析法 90
展開溶媒 108
電気陰性度 60
電気化学検出器 105
電気抵抗 89
電気伝導度分析法 89
電子準位 4
電子イオン化法 68, 69
電子捕獲型検出器 100
伝導度 86
伝導率 89
電量分析法 90
同位体イオン 72
同位体ピーク 71
等価的開裂 73
透過率 7, 46
統計変動 37
特性X線 26
特性吸収帯 44
トロピリウムイオン 74

な

内標準法 21, 102
ヌジョール法 47
熱伝導度型検出器 99
ネルンストの式 82
濃色効果 10
濃淡電池系 87

は

倍音 46
白色X線 26
薄層クロマトグラフィー 96, 108
はさみ 46
波数 45
波長領域 44
白金黒電極 85
発光分析法 21
発色基 9
反磁性効果 59
半値幅 101
比較電極 84
ピーク幅 100
非等価的開裂 72

ひねり 46
標準水素電極 83
標準添加法 19, 102
ファラデー 81
ファラデー定数 81
ファンダメンタルパラメーター法 42
フィールド脱着法 69
フックの法則 45
フラグメントイオン 68
フラグメントイオンピーク 71
フーリエ変換 58
フーリエ変換赤外分光法 46
プロトンNMR 56
プロトン完全デカップリング法 65
分極率 54
分子イオン 68
分子イオンピーク 71
分子間水素結合 49, 50
分配 97
分配クロマトグラフィー 97
分離 96
分離係数 101
分離度 101
変角振動 46
保持時間 100
ポテンショスタット 92
ポーラログラフィー 86
ボルタンメトリー 86, 91

ま

マイクロシリンジ 98
マイクロ波 44
マクラファティ転位 75
マトリックス 102
ミラー指数 32
無電流電極電位 85
無電流電池電位 82
無輻射遷移 5
面外振動 46
面内振動 46
モーズリーの法則 27
モル吸光係数 7
モル伝導率 89
モル比法 12

や

誘起磁場 59
溶液法 47
陽極 81
溶離液 103
横緩和 58
横ゆれ 46
四員環水素移動 77

ら

ラジオ波 56, 57
ラマン活性 54
ラマン散乱 52
ラマン不活性 54
ラマン分光法 52
ランベルト-ベール則 7, 28
流動パラフィン 47
流動パラフィン法 47
理論段数 101
励起状態 4
レイリー散乱 52
レーザー光源 53
連続X線 26
連続変化法 12
六員環水素移動 76

著 者 略 歴

加藤　正直（かとう・まさなお）
1978 年　東北大学大学院理学研究科博士課程後期課程（化学専攻）修了
　　　　　理学博士
1981 年　豊橋技術科学大学工学部助手
1989 年　豊橋技術科学大学工学部講師
1991 年　豊橋技術科学大学分析計測センター助教授
2002 年　長岡工業高等専門学校物質工学科教授
2012 年　長岡工業高等専門学校名誉教授
　　　　　現在に至る

内山　一美（うちやま・かつみ）
1983 年　星薬科大学薬学部博士前期課程修了
1983 年　星薬科大学薬学部助手
1989 年　薬学博士（星薬科大学）
1993 年　星薬科大学講師
1995 年　東京都立大学工学部助教授
1998 年　ニューヨーク市立大学客員研究員
2005 年　首都大学東京都市環境学部准教授
2007 年　首都大学東京都市環境学部教授
2020 年　東京都立大学都市環境学部教授（大学名称変更）
　　　　　現在に至る

鈴木　秋弘（すずき・あきひろ）
1985 年　長岡技術科学大学大学院材料開発工学専攻修士課程修了
1985 年　長岡工業高等専門学校工業化学科助手
1994 年　長岡工業高等専門学校物質工学科助手
1996 年　博士（工学）（長岡技術科学大学）
　　　　　長岡工業高等専門学校物質工学科助教授
1998 年　カリフォルニア大学ロサンゼルス校（UCLA）文部省在外研究員
2007 年　長岡工業高等専門学校物質工学科教授
　　　　　現在に至る

物質工学入門シリーズ
基礎からわかる機器分析　　　© 加藤正直・内山一美・鈴木秋弘　2010
2010 年 3 月 31 日　第 1 版第 1 刷発行　　【本書の無断転載を禁ず】
2025 年 2 月 20 日　第 1 版第 12 刷発行

著　　者　加藤正直・内山一美・鈴木秋弘
発 行 者　森北博巳
発 行 所　森北出版株式会社
　　　　　東京都千代田区富士見 1-4-11（〒102-0071）
　　　　　電話 03-3265-8341／FAX 03-3264-8709
　　　　　https://www.morikita.co.jp/
　　　　　日本書籍出版協会・自然科学書協会　会員
　　　　　JCOPY＜（一社）出版者著作権管理機構　委託出版物＞

落丁・乱丁本はお取替えいたします　　　　印刷・製本／丸井工文社
　　　　　　　　　　　　　　　　　　　　組版／創栄図書印刷

Printed in Japan／ISBN978-4-627-24561-7